Philip Kotlers
Marketing-Guide

Philip Kotler ist Professor für internationales Marketing an der *Kellog School of Management*, Chicago. Er ist der renommierteste Marketingexperte weltweit. Zahlreiche seiner Bücher sind Bestseller. Sein letztes Buch *Marketing der Zukunft* erschien ebenfalls bei Campus.

Philip Kotlers
Marketing-
Guide

Die wichtigsten Ideen
und Konzepte

Aus dem Englischen von Maria Bühler

Campus Verlag
Frankfurt/New York

Die Originalausgabe »Marketing Insights from A to Z. 80 Concepts
Every Manager Needs To Know.« erschien 2003 bei
John Wiley & Sons., Inc.
Copyright © 2003 by Philip Kotler.
All Rights Reserved. Authorized translation from the English language
edition published by John Wiley & Sons, Inc.

*Gewidmet all jenen, die sich im Geschäftsleben und im
Marketing leidenschaftlich dafür einsetzen, die Kundenbedürfnisse
zu befriedigen und das Wohlergehen der Kunden
und der Gesellschaft zu fördern.*

Bibliografische Information der Deutschen Bibliothek

Die Deutsche Bibliothek verzeichnet diese Publikation in der Deutschen
Nationalbiliografie. Detaillierte bibliografische Daten sind im Internet
über http://dnb.ddb.de abrufbar.

ISBN 3-593-37302-5

Inhalt

Inhalt

Vorwort

Meine 40-jährige Laufbahn im Marketing hat mir einiges Wissen und sogar ein wenig Weisheit eingebracht. Bei einer Betrachtung zum aktuellen Stand des Wissenschaftsbereichs fand ich es an der Zeit, die Grundkonzepte des Marketing einer grundlegenden Überprüfung zu unterziehen.

Zunächst schrieb ich 80 wichtige Marketingkonzepte auf und versuchte, ihre Bedeutung und Rolle im heutigen Geschäftsleben zu klären. Am wichtigsten war mir dabei, die besten Grundsätze und Methoden festzuhalten, die für ein wirkungsvolles und innovatives Marketing unerlässlich sind. Diese Reise hielt viele Überraschungen bereit und bescherte auch mir noch neue Einblicke und Perspektiven.

Keinesfalls wollte ich ein weiteres 1.000-Seiten-Lehrbuch über das Marketing schreiben. Ich wollte auch nicht den Inhalt meiner bisherigen Bücher wiederkäuen. Vielmehr hatte ich mir vorgenommen, anregende Ideen und Perspektiven in einem Format zu präsentieren, das man jederzeit in die Hand nehmen, durchblättern, beschnuppern, verdauen und wieder weglegen kann. Herausgekommen ist das vorliegende Buch, für das ich mir folgende Leser und Leserinnen wünsche:

- Manager, die festgestellt haben, dass sie mehr über das Marketing wissen müssen. Vielleicht sind Sie Finanzvorstand, Geschäftsführer einer Non-Profit-Organisation oder ein Unternehmer, der ein neues Produkt auf den Markt bringt. Vielleicht haben Sie bisher nicht einmal für die Lektüre der über 400 Seiten *Marketing für Dummies* Zeit gefunden. Aber Sie möchten die zentralen Marketingkonzepte und Prinzipien verstehen – in leicht verdaulicher Form von einem profilierten Kenner der Szene präsentiert.

- Manager, die vielleicht vor einigen Jahren ein Marketingseminar belegt und nun bemerkt haben, wie viel sich schon wieder geändert hat. Vielleicht möchten Sie Ihre Kenntnisse der wichtigsten Marketingkonzepte auffrischen und mehr über die neuesten Marketingstrategien erfahren.

- Professionelle Vermarkter, die im täglichen Chaos der Märkte allmählich die Orientierung verlieren und sich von der Lektüre dieses Buches wieder mehr Klarheit und eine neue Ausrichtung erhoffen.

Mein Denken und meine Arbeit sind von der Zen-Lehre beeinflusst. Dieser Lehre zufolge findet das Lernen hauptsächlich durch Meditation und unmittelbare intuitive Erkenntnisse statt. So gesehen stellen auch die Gedanken dieses Buchs das Ergebnis meiner meditativen Überlegungen zu den wichtigsten Marketingkonzepten und Grundsätzen dar.

Doch ob ich nun von Meditation, Intuition oder Konzepten spreche – ich behaupte nicht, dass alle Gedanken in diesem Buch meine eigenen wären. Einige herausragende Persönlichkeiten aus der Wirtschaft und dem Marketing werden im Text zitiert, oder sie haben meine Ausführungen direkt beeinflusst. Ich habe ihre Gedanken und Ideen durch Lektüre und in Gesprächen, durch Seminare und im Lauf meiner Beratungsarbeit kennen gelernt.

Einleitung
Marketing wird es immer geben!

Die Wirtschaft leidet heute nicht unter einem Mangel an Waren, sondern an Kunden. Weltweit sind die meisten Industrien heute in der Lage, mehr Güter zu produzieren, als die Verbraucher jemals kaufen können. Diese Überkapazität ist darauf zurückzuführen, dass einzelne Wettbewerber ein unrealistisches Wachstum ihres Marktanteils prognostizieren. Wenn jedes Unternehmen mit einer Umsatzsteigerung von 10 Prozent rechnet, der Gesamtmarkt aber nur um 3 Prozent wächst, stehen am Ende unweigerlich Überkapazitäten.

Diese wiederum lösen einen Hyperwettbewerb aus. Verzweifelt um Kunden buhlende Unternehmen senken die Preise und locken mit Gratisangeboten. Mit derartigen Strategien erreicht man aber nichts – von noch niedrigeren Gewinnspannen, mehr Firmenpleiten und noch mehr Fusionen einmal abgesehen.

Das Marketing gibt eine Antwort darauf, wie man den Wettbewerb auf andere Grundlagen als nur den Preis stellt. Aufgrund des weltweiten Überangebots ist das Marketing wichtiger denn je geworden. Das Marketing ist die *Abteilung für die Produktion von Kunden.*

Aber leider wird das Marketing sowohl im Geschäftsleben wie in der Öffentlichkeit furchtbar missverstanden. Die meisten Firmen glauben immer noch, das Marketing müsse die Produktionsabteilung dabei unterstützen, die hergestellten Produkte loszuwerden. Dabei ist es genau umgekehrt: Die Produktionsabteilung muss das Marketing unterstützen. Fast jedes Unternehmen könnte seine Produktion auch auslagern. Worauf es aber keinesfalls verzichten kann, sind seine Marketingideen und Marktangebote. Produktion, Einkauf, Forschung und Entwicklung (F&E), Rechnungswesen und andere Funktionen dienen letztlich nur dazu, das Unternehmen in seinen Bemühungen auf den Märkten zu unterstützen.

Marketing wird häufig mit Verkaufen verwechselt. Dabei stellen die beiden Aufgaben fast Gegensätze dar. Vor langer Zeit habe ich einmal gesagt: »Marketing ist nicht die Kunst, intelligente Methoden dafür zu finden, um das loszuwerden, was man herstellt. Marketing ist die Kunst, echte Werte für die Kunden zu schaffen. Es ist die Kunst, den Kunden zu helfen, sich besser zu stellen. Die Stichworte im Marketing lauten Qualität, Service und Wert.«

Verkaufen kann man erst dann, wenn es ein Produkt gibt. Das Marketing beginnt aber schon, bevor das Produkt existiert. Das Marketing beinhaltet die Hausaufgaben, die das Unternehmen macht, um herauszufinden, was die Verbraucher kaufen möchten und was Ihr Unternehmen anbieten sollte. Das Marketing bestimmt, wie Sie Ihre Produkt- und Serviceangebote einführen, welchen Preis Sie dafür verlangen, welche Absatzwege Sie wählen und wie Sie die Werbung gestalten.

Schließlich gehört es auch zu den Aufgaben des Marketing, die Ergebnisse zu kontrollieren und die Angebote ständig zu verbessern. Und das Marketing entscheidet auch darüber, ob und wann ein Angebot wieder vom Markt genommen wird.

Somit ist das Marketing keine kurzfristige Verkaufsmaßnahme, sondern eine langfristige Investitionsmaßnahme. Gutes Marketing findet statt, bevor das Unternehmen ein Produkt herstellt oder einführt. Und es setzt sich noch lange nach dem Verkauf fort.

Lester Wunderman, ein legendärer Verfechter des Direktmarketing, verglich das Verkaufen und das Marketing folgendermaßen: »In der industriellen Revolution sagte der Hersteller: ,Dieses Produkt stelle ich her, würden Sie es bitte kaufen?' Im Informationszeitalter dagegen fragt der Verbraucher: ,Dieses Produkt wünsche ich, würden Sie es bitte herstellen?'«[1]

Im Idealfall weiß ein Unternehmen nach seinen Marketingbemühungen so viel über den Zielkunden, dass das Verkaufen gar nicht mehr nötig ist. Peter Drucker sagte:»Das Ziel des Marketing lautet, das Verkaufen überflüssig zu machen.«²

Dennoch gibt es Wirtschaftsführer, die behaupten:»Wir dürfen keine Zeit mit dem Marketing verschwenden. Wir haben das Produkt doch noch gar nicht entworfen.« Oder:»Wir sind zu erfolgreich, um Marketing betreiben zu müssen, und wären wir es nicht, könnten wir es uns nicht leisten.« Einmal rief mich ein Firmenchef an und äußerte folgende Bitte:»Kommen Sie zu uns und bringen Sie uns etwas über Marketing bei – unser Umsatz ist gerade um 30 Prozent gesunken.«

Meine Definition des Marketing lautet so: *Das Marketingmanagement ist die Kunst und die Wissenschaft, Zielmärkte auszuwählen und Kunden an sich zu binden, indem man ihnen hervorragende Werte anbietet, sie von deren Nutzen überzeugt und die Versprechen dann einhält.*

Vielleicht ziehen Sie auch eine detailliertere Definition vor: *Das Marketing ist eine Unternehmensfunktion, die unerfüllte Bedürfnisse und Wünsche ermittelt, ihr Ausmaß und ihre mögliche Rentabilität definiert, die geeigneten Zielmärkte festlegt, geeignete Produkte, Dienstleistungen und Programme kreiert, um diese Märkte zu bedienen, und an jeden Einzelnen im Unternehmen appelliert, an den Kunden zu denken und ihn zu bedienen.*

Kurz: Das Marketing muss die sich ändernde Bedürfnisse der Menschen in profitable Geschäftschancen verwandeln. Das Ziel des Marketing lautet, Werte zu schaffen, indem außergewöhnlich gute Lösungen angeboten werden, der Such- und Transaktionsaufwand für die Verbraucher gesenkt wird und der Lebensstandard für die Gesellschaft insgesamt gesteigert wird.

In der Praxis muss das Marketing die Fixierung auf Transaktionen aufgeben, mit denen zwar heute ein Geschäft abgeschlossen, aber morgen ein Kunde verloren wird. Das Ziel muss lauten, eine für beide Seiten profitable, langfristige Beziehung aufzubauen – nicht nur, ein Produkt zu verkaufen. Der Wert eines Unternehmens ist nicht größer als der seiner lebenslangen Kundenbeziehungen. Deshalb ist es so wichtig, die Kunden so gut zu kennen, dass man ihnen zum richtigen

Zeitpunkt die richtigen Produkte, Dienstleistungen und Botschaften anbietet, mit denen ihre individuellen Bedürfnisse erfüllt werden.

In der Regel sind die Marketingaufgaben in einer Unternehmensabteilung zusammengefasst. Das ist gut und schlecht zugleich. Der Vorteil liegt darin, dass viele Spezialisten zusammenarbeiten, um die Kunden zu verstehen, zu bedienen und zufrieden zu stellen. Der Nachteil liegt darin, dass die anderen Abteilungen glauben, sämtliche Marketingaufgaben seien tatsächlich nur auf diese Abteilung beschränkt. Der verstorbene David Packard von *Hewlett-Packard* beobachtete: »Das Marketing ist viel zu wichtig, um es der Marketingabteilung zu überlassen ... In einem Unternehmen mit einem wirklich guten Marketing können Sie nicht sagen, wer in der Marketingabteilung arbeitet. Jeder im Unternehmen muss Entscheidungen treffen, die sich auf die Kunden auswirken.«

Professor Philippe Naert stellte dieselbe Forderung: »Sie bekommen keine echte Marketingkultur, wenn Sie hastig eine Marketingabteilung oder ein Team zusammenstellen, selbst wenn Sie die besten Mitarbeiter dafür gewinnen würden. Das Marketing beginnt nämlich beim Topmanagement. Wenn das Topmanagement nicht von der Notwendigkeit überzeugt ist, kundenorientiert zu sein, wie kann eine Marketingidee dann vom Rest des Unternehmens akzeptiert und umgesetzt werden?«

Das Marketing ist also nicht auf eine Abteilung beschränkt, die Werbeanzeigen entwickelt, Werbemittel auswählt, Direktwerbung verschickt und Kundenfragen beantwortet. Das Marketing ist ein umfassender Prozess, in dessen Verlauf man systematisch ermittelt, was das Unternehmen produzieren sollte, wie es die Kunden darauf aufmerksam macht und wie es den Wunsch nach Folgekäufen weckt.

Wichtig ist auch, Marketingstrategien und Marketingaktivitäten nicht nur auf die Kundenmärkte zu beschränken. Da Unternehmen auch auf Kapital von Investoren angewiesen sind, sollten sie wissen, wie sie sich an die Investoren vermarkten können. Außerdem möchte jedes Unternehmen gute Mitarbeiter anziehen. Deshalb müssen Sie ein Nutzenangebot entwickeln, das es talentierten Kräften attraktiv erscheinen lässt, in Ihr Unternehmen einzutreten. Ob Sie sich mit dem Marketing an Kunden, Investoren oder Talente richten, immer müssen Sie ihre Bedürfnisse und Wünsche verstehen und ein wettbewerbsfähiges Nutzenangebot präsentieren.

Ist das Marketing schwer zu erlernen? Die gute Nachricht lautet, dass das Marketing an einem Tag erlernt werden kann. Die schlechte Nachricht lautet, dass es ein Leben lang dauert, um es zu beherrschen! Aber selbst die schlechte Nachricht kann in positivem Licht betrachtet werden. Ich finde die folgende Bemerkung vom Managementexperten Prof. Warren Bennis immer wieder aufmunternd: »Nichts verschafft mir größere Freude, als etwas Neues zu lernen.«

Die gute Nachricht lautet, dass es das Marketing immer geben wird. Die schlechte Nachricht: Es wird nicht so sein, wie Sie es einmal gelernt haben. Innerhalb eines Jahrzehnts wird das Marketing von A bis Z umgestaltet. Darum habe ich mich dafür entschieden, die 80 wichtigsten Konzepte und Ideen zu beleuchten, die Geschäftsleute brauchen, um sich auf hart umkämpften und sich schnell verändernden Märkten durchzusetzen.

Antizyklisches Marketing

Wenn die Konjunktur abflaut, können viele Firmen ihre Kosten gar nicht schnell genug senken. Dabei fällt ihr Blick oft zuerst auf die Werbeausgaben. Viele Topmanager (vor allem aus dem Finanzwesen) glauben ohnehin nicht an den Nutzen der Werbung – sie tolerieren sie als eine Art defensiver Absicherung, betrachten sie jedoch nicht als Ertragsfaktor. Diese Manager legen das Marketingbudget als Prozentsatz des erwarteten Umsatzes fest, und wenn die Umsatzerwartungen sinken, sehen sie hinreichend Anlass, die Marketingausgaben zu kürzen. Hier lässt sich jedoch erkennen, dass es unlogisch ist, das Marketingbudget am erwarteten Ertrag auszurichten – man zäumt das Pferd beim Schwanze auf. Erst die Festlegung des Marketingbudgets gibt Ihnen die Möglichkeit, Umsatzerwartungen zu definieren. Das Marketingbudget ist die Ursache, nicht die Wirkung. Erhöhen Sie das Budget, steigt der Umsatz.

Als die Konjunktur nachließ, ordnete der CEO von *Kmart* eine erhebliche Kürzung des Marketingbudgets an. Das Ergebnis war verheerend, denn als die Kunden zu *Target* und *Wal-Mart* abwanderten, verlor *Kmart* durch rückläufige Umsätze wesentlich mehr Geld, als an Marketingkosten eingespart worden war.

Wenn ein Konjunkturabschwung droht, sollte die Firmenleitung einen funktionsübergreifenden Ausschuss einsetzen, der Vorschläge zu möglichen Kostensenkungsmaßnahmen unterbreitet. Dieser Ausschuss muss den Verkaufsförderungsmix, die Absatzkanäle, Marktsegmente, Kundengruppen und geografischen Gebiete des Unternehmens auf Aktivitäten und Ausgaben abklopfen, die gefahrlos gekürzt werden können. Jeder Anbieter weist hinsichtlich seiner Verkaufsförderung, Vertriebskanäle, Marktsegmente, Kunden und geografischen Gebiete Stärken und Schwächen auf. Eine Rezession verlangt nach einem gründlichen Hausputz.

Das Hauptproblem liegt darin, dass Unternehmen in guten Zeiten »Fett« ansetzen: Sie kaufen übermäßig teure Möbel, leisten sich kostspielige Mitgliedschaften in Country Clubs, legen sich Firmenflugzeuge zu, beauftragen Heerscharen von Beratern und sagen der Sparsamkeit ade. In Zeiten schwacher Konjunktur entlassen sie dann in einem schmerzhaften Procedere eine große Zahl von Arbeitskräften.

Firmen können viel Geld sparen, wenn sie ihre Verkäufer Economy Class fliegen lassen und in preisgünstigeren Hotels unterbringen. Sie können versuchen, ihre Beschaffungsverträge neu auszuhandeln. Sie können ausgewählte langfristige F&E-Projekte und Investitionsvorhaben verschieben. Sie können die Abläufe in der Mahn- und Inkassoabteilung beschleunigen und für sich selbst längere Zahlungsziele vereinbaren.

Wenn die Konjunktur lahmt, leiten viele Unternehmen eilfertig Kostensenkungsmaßnahmen ein. Gleichgültig, welche Schritte eine Firma macht, sie muss zwei Regeln beachten. Die erste Regel lautet, dass Sie Ihr *Nutzenangebot an den Kunden* nicht aufs Spiel setzen dürfen. Kunden kommen mit bestimmten Erwartungen an die Produktqualität und die Serviceleistungen zu Ihnen. Schmälern Sie nicht die Erfahrung, die Kunden nach mehreren Käufen von Ihnen erwarten. Zweitens dürfen Unternehmen die Kostenlast nicht willkürlich und ohne vorherige Besprechung auf Lieferanten und Händler abwälzen. Wenn Sie Ihr *Nutzenangebot an Ihre Partner* herabsetzen, werden Letztere beginnen, Allianzen mit Ihrer Konkurrenz zu schmieden.

Auch vorübergehende Preissenkungen können sinnvoll sein, selbst wenn sie sich nachteilig auf die Gewinnspanne auswirken. Es ist besser, seine Kunden zu halten, als zuzusehen, wie sie die Produkte der Wettbewerber testen. Da Konsumenten während einer Rezession sehr preissensibel reagieren, sind Zugeständnisse beim Preis durchaus gerechtfertigt.

Einige clevere Firmen halten ihr Marketingbudget jedoch aufrecht oder erhöhen es sogar, um Wettbewerbern, die ihre Ausgaben zurückfahren, Marktanteile wegzuschnappen. Wer über die nötigen Ressourcen verfügt, kann eine Konjunkturflaute als Chance betrachten, sein Geschäft zu Lasten der Konkurrenz auszubauen. Die PIMS-Studie aus dem Jahr 1998 förderte zutage, dass Firmen, die ihre Marketingausgaben während einer Rezession nicht kürzten, stärker aus der

Flaute hervorgingen als Unternehmen, die ihr Marketingbudget reduziert hatten.³

Besonders intelligente Anbieter bauen eine dauerhafte Kultur des Kostenbewusstseins auf, die nicht nur in konjunkturschwachen Zeiten gepflegt wird. Der führende US-Wohnmobilhersteller *Winnebago Industries* hat Sparsamkeit zum Herzstück seiner Unternehmenskultur erhoben. Jede Woche können Mitarbeiter im Rahmen der »Cost Savings Awards« Sparvorschläge unterbreiten. Da *Winnebago* das Konzept des schlanken Unternehmens konsequent und kontinuierlich umsetzt, sind in wirtschaftlich schwierigen Zeiten nur kleinere Anpassungen notwendig.

Aufgaben und Fähigkeiten des Marketing

Viel zu oft ist die Aufgabe der Marketingabteilung in den Unternehmen auf die Kommunikation beschränkt: Die Entwicklungsabteilung erfindet das Produkt, und das Marketing übernimmt die Presseerklärungen und die Werbung. Viele Firmenchefs glauben aber, das Marketing komme erst dann ins Spiel, wenn das Produkt schon hergestellt wurde und verkauft werden muss. Das Marketing wird wie ein One-Night-Stand und nicht wie eine langfristige Affäre behandelt.

Viel besser wäre es, zwei Marketingabteilungen zu betreiben, wobei die eine für die Strategie und die andere für die Taktik zuständig ist. Das Marketing muss eng mit der Unternehmensstrategie verzahnt werden, da es sonst seinen Anforderungen nicht gerecht wird. Ich plädiere sogar dafür, die Hauptrolle des Marketing im Unternehmen darin zu sehen, die Unternehmensstrategie voranzubringen und die Erfüllung der Versprechen an die Kunden zu unterstützen.

Dazu muss das Unternehmen vom *taktischen zum ganzheitlichen Marketing* übergehen.

- Das Unternehmen muss seine Perspektive der Bedürfnisse und Lebensstile der Kunden erweitern. Es darf in den Kunden nicht nur die Verbraucher der aktuellen Produkte sehen, sondern muss umfassendere Wege suchen, um ihnen mehr Nutzen zu bieten.
- Das Unternehmen muss beurteilen, wie sich die einzelnen Abteilungen auf die Kundenzufriedenheit auswirken. Kunden haben es nicht gern, wenn ihre Produkte spät oder in beschädigtem Zustand ankommen, wenn Rechnungen fehlerhaft sind, der Kundenservice unzuverlässig ist und andere Pannen auftreten.
- Das Unternehmen muss eine umfassendere Sichtweise der Branche, der Mitbewerber und seiner eigenen Entwicklung annehmen. Heute wachsen viele Branchen zusammen (etwa Telekommunikation, Unterhaltung, Kabel, Medien und Software), was jedem Mitspieler neue Chancen, aber auch Risiken beschert.
- Das Unternehmen muss die Auswirkung seiner Handlungen auf alle Anspruchsgruppen beurteilen – Kunden, Mitarbeiter, Händler und Lieferanten. Es darf nicht nur an die Aktionäre denken. Jede Gruppe, die sich nicht berücksichtigt fühlt, kann die Pläne des Unternehmens empfindlich stören.

Welches sind also die wichtigsten Aufgaben im Marketing, die gegenüber den Kunden erfüllt werden müssen? Folgende gehören auf jeden Fall dazu:

- Neue Chancen finden und bewerten.
- Kundenwahrnehmungen, -vorlieben und -anforderungen feststellen.
- Kundenwünsche und -erwartungen den Produktentwicklern mitteilen.
- Sicherstellen, dass die Kundenaufträge korrekt und pünktlich ausgeführt werden.
- Kontrollieren, ob die Kunden die richtigen Anweisungen und Schulungen erhalten haben und auf technische Unterstützung zurückgreifen können.

- Nach dem Verkauf den Kontakt zum Kunden halten, um sich von seiner Zufriedenheit zu überzeugen.
- Kundenvorschläge für Verbesserungen der Produkte und Dienstleistungen sammeln und an die relevanten Abteilungen weitergeben.

Welche Fähigkeiten benötigen die Marketingexperten, um diese Aufgaben wahrzunehmen? J. S. Armstrong, Professor an der *Wharton School, University of Pennsylvania*, nennt folgende Fähigkeiten: *Prognose, Planung, Analyse, Gestalten, Entscheiden, Motivieren, Kommunizieren* und *Implementieren*. Man könnte sie unter dem Begriff der Marketingfähigkeit zusammenfassen – das ist die Fähigkeit, nach der ein Unternehmen bei der Suche nach einem neuen Marketingleiter Ausschau halten sollte.

Begeisterung

Im Marketing braucht man Begeisterung und Leidenschaft, um wirkungsvoll arbeiten zu können. Begeisterung heißt Freude, Spaß und Lebenslust. Diese Einstellung zeigt sich deutlich in der Art und Weise, wie die Chefs einiger Unternehmen an die Marketingaufgaben herangehen. Für Richard Branson von *Virgin* heißt Marketing, mit viel Freude und Leidenschaft neue, bessere und befriedigendere Lösungen zu entwickeln, um Konsumenten das Leben angenehmer und leichter zu machen.

Auch Herb Kelleher, ehemaliger CEO von *Southwest Airlines*, ist in diesem Zusammenhang zu nennen. Er hat seine Arbeit bei der Fluggesellschaft jeden Tag genossen und immer versucht, nur solche Mitarbeiter einzustellen, denen es ebenso viel Freude bereitete, Kunden glücklich zu machen.

Stellen auch Sie für das Marketing nur Mitarbeiter ein, die Spaß am Leben haben. Andernfalls schicken Sie sie in die Buchhaltung.

Berater

Berater oder Consultants können Unternehmen dabei unterstützen, ihre Marktchancen, Strategien und Taktiken neu zu bewerten. Berater verhelfen ihren Auftraggebern zu einer neuen Perspektive, weil sie als Außenstehende in das Unternehmen blicken, während sich das Unternehmen in der Regel auf die umgekehrte Sichtweise versteift hat.

Dennoch sagen manche Manager: »Solange wir erfolgreich sind, brauchen wir keine Berater. Wenn der Erfolg ausbleibt, können wir sie uns nicht leisten.«

Wir brauchen weniger *Konsultanten* und mehr *Resultanten*. Zu viele Berater teilen ihre Ratschläge aus, ohne auf die Schwierigkeiten ihrer Umsetzung einzugehen. Behalten Sie Ihren Consultant, aber bezahlen Sie ihn entsprechend seinen Resultaten.

Wie findet man einen guten Berater? Der folgende Test kann dabei eine Hilfe sein. Fragen Sie jeden Kandidaten: »Wie viel Uhr ist es?«

- Der erste Berater sagt: »Es ist genau 9.32 Uhr und 10 Sekunden.« Engagieren Sie ihn, wenn Sie eine Studie brauchen, bei der es auf Präzision und Fakten ankommt.
- Der zweite Berater antwortet: »Welche Uhrzeit hätten Sie denn gern?« Engagieren Sie ihn, wenn Sie weniger Rat als Bestätigung wollen.
- Der dritte Berater antwortet: »Warum möchten Sie das wissen?« Engagieren Sie ihn, wenn Sie eigenständige Ideen suchen, um etwa ein Problem genauer zu definieren. Peter Drucker meint, seine größte Stärke als Berater liege darin, unwissend zu sein und grundlegende Fragen zu stellen.

Über Berater wird viel Spott und Häme ausgeschüttet. Schon im ersten Jahrhundert vor Christus sagte der römische Dichter Publilius Syrus: »Viele bekommen Ratschläge, nur wenigen nützen sie.« Robert Townsend, ehemaliger CEO von *Avis Rent-A-Car*, beschrieb Berater als »Leute, die sich Ihre Uhr ausleihen, Ihnen die Uhrzeit sagen und dann mit der Uhr wegspazieren«. William Marsteller, Gründer der Public-Relations-Agentur *Burson-Marsteller*, meinte: »Ein Berater weiß nichts über Ihr Unternehmen, und dennoch bezahlen Sie ihm mehr Geld für seine Ratschläge zur Unternehmensführung, als Sie je verdienen könnten, wenn Sie es richtig und nicht nach seinen Ratschlägen führen würden.«

All dieser Spott besagt letztlich nur, dass es gute und schlechte Berater gibt. Ihre Aufgabe liegt darin, den Unterschied zu erkennen.

Beziehungsmarketing

Zum wertvollsten Kapital eines Unternehmens gehören seine Beziehungen – zu Kunden, Mitarbeitern, Lieferanten und Groß-, Vertrags- und Einzelhändlern. Das *Beziehungskapital* (Relationship Capital) einer Firma ist die Summe des Wissens, der Erfahrung und des Vertrauens, das ein Unternehmen im Zusammenhang mit seinen Kunden, Mitarbeitern, Lieferanten und Vertriebspartnern besitzt. Diese Beziehungen sind oft mehr wert als die Sachanlagen eines Unternehmens, und sie bestimmen seinen zukünftigen Wert.

Jeder Fehler im Rahmen dieser Beziehungen schadet der Leistung eines Unternehmens. Firmen brauchen eine *Beziehungs-Scorecard* oder *Relationship-Scorecard*, die die Stärken, Schwächen, Chancen und Risiken im Zusammenhang mit der jeweiligen Beziehung beschreibt. Ihr Unternehmen muss rasch reagieren und wichtige Beziehungen, die sich zu verschlechtern drohen, wieder auf die richtige Spur bringen.

Das traditionelle Transaktionsmarketing (TM) tendierte dazu, Beziehungen und den Beziehungsaufbau zu ignorieren. Das Unternehmen wurde als unabhängiger Akteur betrachtet, der unablässig taktierte, um optimale Bedingungen für sich herauszuschlagen. So wechselten Firmen bereitwillig ihre Lieferanten oder Händler, wenn ihnen dies einen unmittelbaren Vorteil verschaffte. Unternehmen gingen fest davon aus, dass sie ihre bestehenden Kunden behalten würden, und wandten einen Großteil ihrer Energie für die Akquirierung von Neukunden auf. Die wechselseitige Abhängigkeit unter den wichtigsten Anspruchsgruppen und ihre Bedeutung für den Erfolg eines Unternehmens wurden vernachlässigt.

Das Beziehungsmarketing oder Relationship-Marketing (RM) markiert einen bedeutenden Paradigmenwechsel im Marketing – Marketing beruht nicht mehr nur auf Konzepten wie Konkurrenz und Konflikt, sondern die wechselseitige Abhängigkeit und Kooperation der verschiedenen Akteure rückt immer stärker in den Vordergrund. Relationship Marketing erkennt an, wie wichtig die Kooperation der verschiedenen Parteien – Lieferanten, Mitarbeiter, Groß-, Vertrags- und Einzelhändler – ist, um den potenziellen Kunden den bestmöglichen Wert und Nutzen zu liefern. Es folgt eine Aufzählung der Hauptattribute des Beziehungsmarketing:

- Es richtet sein Augenmerk stärker auf Partner und Kunden als auf die Produkte eines Unternehmens.
- Es legt mehr Wert auf die Kundenbindung und den Ausbau einer bestehenden Kundenbeziehung als auf die Kundenakquise.
- Es basiert auf funktionsübergreifenden Teams statt auf abteilungsbezogener Arbeit.
- Es beruht stärker auf Zuhören und Lernen als auf Reden.

Das Relationship-Marketing erfordert im Rahmen der »4 Ps« des Marketingmix neue Verfahren (siehe nächste Seite).

Die Verlagerung auf das Beziehungsmarketing bedeutet nicht, dass Unternehmen das Transaktionsmarketing vollständig aufgeben. Die meisten Firmen müssen mit einer Kombination von Transaktionsmarketing und Beziehungsmarketing arbeiten. Wer auf großen Verbrauchermärkten operiert, greift stärker auf das Transaktionsmarketing zurück, während Anbieter mit einer kleineren Kundenzahl sich in höherem Maße des Beziehungsmarketing bedienen.

Beziehungsmarketing und die »4 Ps« des Marketingmix

Produkt
- Immer mehr Produkte werden auf die Präferenzen des Kunden zugeschnitten.
- Neue Produkte werden in Kooperation mit Lieferanten und Vertriebspartnern entworfen und entwickelt.

Preis
- Das Unternehmen legt den Preis anhand der Kundenbeziehung und den vom Kunden bestellten Produktmerkmalen und Serviceleistungen fest.
- Im Business-to-Business-Marketing finden mehr Verhandlungen statt, da Produkte oft einzelnen Kunden auf den Leib geschneidert werden.

Vertrieb
- Das Beziehungsmarketing legt größeren Wert auf Direktmarketing gegenüber dem Kunden, sodass die Bedeutung von Zwischenhändlern nachlässt.
- Das Beziehungsmarketing zielt darauf ab, Kunden alternative Möglichkeiten anzubieten, um Produkte zu bestellen, zu bezahlen, in Empfang zu nehmen, einzubauen und zu reparieren.

Kommunikation
- Das Beziehungsmarketing setzt sich für die individuelle Kommunikation und den Dialog mit dem Kunden ein.
- Das Beziehungsmarketing setzt sich für eine integrierte Marketingkommunikation ein, um dem Kunden einheitliche Zusagen und ein einheitliches Image zu vermitteln.
- Für das Beziehungsmarketing werden Extranets mit Großkunden eingerichtet, um den Informationsaustausch, gemeinsame Planungen, Bestellungen und Zahlungen zu erleichtern.

Business-to-Business-Marketing

Das Gros der Marketingaktivitäten findet im Business-to-Business-Segment statt (B2B), auch wenn sich die Lehrbücher und Branchenmagazine hauptsächlich dem Business-to-Consumer-Marketing (B2C) widmen. Dieses Missverhältnis wurde gemeinhin mit der Erklärung gerechtfertigt, dass die meisten modernen Marketingkonzepte eben im Verbrauchermarketing entstünden und die B2B-Marketingexperten viel von den Denkmodellen des Verbrauchermarketing lernen könnten. Beides trifft zwar zu, und dennoch erlebt das B2B-Marketing derzeit eine Renaissance. Vielleicht können sich die Spezialisten des Verbrauchermarketing auch etwas von ihren Kollegen im B2B-Segment abschauen. Gerade das Business-to-Business-Marketing hat sich zunehmend auf einzelne Kunden konzentriert, während das Business-to-Consumer-Marketing immer mehr Wege findet, um sich dem Ideal des Eins-zu-Eins-Marketing anzunähern.

Im Zentrum des B2B-Marketing steht die Vertriebsorganisation. Ihre Bedeutung kann gar nicht hoch genug eingeschätzt werden, vor allem in den Fällen, in denen komplexe, nach Kundenspezifikationen angefertigte Produkte wie Kampfflugzeuge oder Kraftwerke verkauft werden, oder wenn es sich bei den Kunden um große nationale oder globale Firmen handelt. Die Unternehmen von heute beauftragen zunehmend nationale und globale *Account Manager* mit der Betreuung ihrer Großkunden. Da weltweit immer mehr Geschäfte in weniger, aber größeren Konzernen abgewickelt werden, wird die Bedeutung der Account-Management-Systeme in Zukunft deutlich zunehmen.

Allerdings stehen auch die B2B-Unternehmen unter Kostendruck: Sie müssen teure Verkaufsbesuche durch günstigere Kontaktkanäle wie Tele- und Videokonferenzen und die Internetkommunikation ersetzen, wo immer dies möglich ist. Je mehr die Technik der Videokonferenzen verbessert wird und je niedriger ihre Kosten werden, desto weniger Vor-Ort-Besuche sind erforderlich und desto deutlicher kann der Aufwand für Flüge, Unterbringung und Spesen gesenkt werden.

Die Rolle der Vertriebsorganisationen könnte auch dadurch beschnitten werden, dass sich im Internet immer mehr Marktplätze und Börsen herausbilden. Der Kunde kann sich bequem und schnell über Preisunterschiede – vor allem für Massenprodukte und Standardbauteile – informieren und lässt sich folglich vom Verkäufer immer weniger dazu überzeugen, einen höheren Preis zu bezahlen als den, den er im Internet gefunden hat.

Corporate Branding

Eine starke Unternehmensmarke zahlt sich aus. Der Name *Sony* auf einem elektronischen Gerät bewirkt automatisch, dass die Kunden es den Konkurrenzprodukten vorziehen. *Virgin* kann sich so gut wie jedes Geschäftsfeld vornehmen, weil der Firmenname automatisch die Erwartung weckt, dass frischer Wind in eine Branche kommt.

Die Hauptaufgabe des Corporate Branding lautet, ein zentrales Thema zu finden, für welches das Unternehmen steht, seien es Qualität, Innovation, Freundlichkeit oder etwas anderes. Ein Beispiel ist der Baumaschinenhersteller *Caterpillar*. Die Markenpersönlichkeit von *Caterpillar* weckt Assoziationen mit harter Arbeit, Entschlossenheit, Tapferkeit, Unerschrockenheit und einer Prise Abenteurertum. Deshalb konnte *Caterpillar* auch Jeans, Sandalen, Brillen, Uhren und Spielzeug unter der Marke *Cat* auf den Markt bringen, denn sie wurden von vornherein mit denselben Assoziationen besetzt.

Eine wichtige Rolle für eine starke Unternehmensmarke spielen auch die Bemühungen zum Aufbau eines unterscheidbaren Image, etwa in Form eines Themas, eines Slogans, grafischer Elemente, eines Logos, bestimmter Farben und entsprechender Werbung. Allerdings darf man sich nicht zu sehr auf die Werbung verlassen. Das Unternehmensimage wird letztlich weit mehr durch die Leistung als alles andere bestimmt. Eine gute Unternehmensleistung, gepaart mit einer guten Public-Relations-Arbeit, bewirkt viel mehr als die Werbung.

Customer Relationship Management (CRM)

Das *Customer Relationship Management* (*CRM*) ist derzeit in aller Munde und wird fast wie ein neues Wundermittel angepriesen. Doch solange der Begriff nicht definiert wird, bleibt er eine Worthülse. Während die einen die CRM-Software als Technologieanwendung mit dem Zweck definieren, mehr über die Kunden zu erfahren und dann individuell auf sie einzugehen, steht für die anderen der menschliche Aspekt im Mittelpunkt: Sie möchten CRM-Anwendungen dazu nutzen, sich in den einzelnen Kunden einzufühlen und sensibel zu reagieren. Ein Spötter meinte einmal, das Customer Relationship Management sei nur eine teure Methode, um Dinge zu erfahren, die man auch herausfinden könnte, wenn man fünf Minuten mit den Kunden plaudere.

Das Kundenbeziehungsmarketing sieht in der Praxis so aus, dass ein Unternehmen geeignete Hardware und Software kauft, um detaillierte Informationen über einzelne Kunden zu erheben und als Grundlage für ein besseres Zielmarketing zu verwenden. Durch die Analyse der bisherigen Kaufentscheidungen des Kunden und seiner sozio-demografischen und psychografischen Daten erfährt das Unternehmen mehr darüber, wofür sich der Kunde in Zukunft interessieren könnte. Es unterbreitet ihm nur spezifische Angebote, die mit einer hohen Wahrscheinlichkeit auf Interesse stoßen und Kaufbereitschaft wecken. Auf diese Weise spart es Versandkosten und andere Kosten der Kontaktaufnahme, die sonst beim Massenmarketing anfallen. Verwertet das Unternehmen die gewonnenen Informationen, kann es gezieltere Methoden der Kundenakquise anwenden und Cross-Selling- und Up-Selling-Angebote zusammenstellen.

Trotz allem: Die CRM-Anwendungen kämpfen in der Praxis noch mit Problemen. Großunternehmen geben manchmal 5 bis 10 Millionen Dollar für CRM-Systeme aus und sind dann von den Ergebnissen enttäuscht. Weniger als 30 Prozent der Unternehmen, die CRM-Systeme eingeführt haben, konnten nach eigenen Angaben die erwartete Rendite erzielen. Das Problem liegt nicht darin, dass die Software nicht funktioniert (das trifft nur in 2 Prozent der Fälle zu). Dem *CRM-Forum* zufolge sind folgende Ursachen für den Misserfolg verantwortlich: organisatorische Veränderungen (29 Prozent), Unternehmensrichtlinien/Trägheit (22 Prozent), mangelndes Verständnis des CRM-Konzepts (20 Prozent), schlechte Planung (12 Prozent), fehlende Kenntnisse im Umgang mit CRM-Systemen (6 Prozent), Budgetprobleme (4 Prozent), Softwareprobleme (2 Prozent), schlechte Beratung (1 Prozent) und sonstige Gründe (4 Prozent).[4]

Zu viele Unternehmen betrachten die Technologie heute als ein Allheilmittel für all ihre Probleme. Aber wer einem alten Unternehmen neue Technologien überstülpt, setzt nur eine Kostenspirale in Gang, der keinerlei Nutzen gegenübersteht. Eine CRM-Einführung sollte deshalb erst dann in Betracht gezogen werden, wenn das Unternehmen in eine kundenorientierte Organisation umstrukturiert wurde. Nur dann wissen die Mitarbeiter, wie sie ein sinnvolles Kundenmanagement betreiben können.

Frederick Newell geht noch weiter und bemängelt am CRM-Konzept, dass es keine Antwort darauf gibt, wie man die Kunden gut bedient.[5] Eine CRM-Anwendung gibt dem Unternehmen das Zepter in die Hand, nicht aber dem Kunden. Newell fordert, dass die Unternehmen ihre Kunden mit mehr *Macht* ausstatten, anstatt nur *Ziele* in ihnen zu sehen. Unternehmen sollten nicht nur Werbebriefe verschicken (ein produktzentrierter Ansatz), sondern ihre Kunden auch fragen, wofür sie sich interessieren und nicht interessieren, welche Informationen sie wünschen, welche Dienstleistungen sie möchten und wie, wann und wie häufig sie Mitteilungen vom Unternehmen akzeptieren. Anstatt sich auf die Informationen *über* Kunden zu stützen, sollten sie Informationen *von* den Kunden gewinnen. Damit hätten sie eine weit bessere Ausgangsposition, um einzelnen Kunden sinnvolle Angebote zu unterbreiten und dabei noch das Geld des Unternehmens und die Zeit des Kunden zu sparen. Newell spricht sich dafür aus, das *Customer Relationship Marketing (CRM)* durch das *Customer Management of Relationships (CMR)* zu ersetzen.

Ich glaube, dass sich das CRM oder CMR, richtig angewandt, positiv auf die Entwicklung der Unternehmen und der Gesellschaft insgesamt auswirkt. Es wird mehr Menschlichkeit in die Geschäftsbeziehungen bringen, es wird die Entwicklung der Märkte optimieren und es wird den Kunden bessere Lösungen bescheren.

Database-Marketing

Im Zentrum des Customer Relationship Management steht das Database-Marketing. Ein Unternehmen muss Datenbanken für Kunden, Mitarbeiter, Produkte, Dienstleistungen, Lieferanten und die verschiedenen Handelsstufen aufbauen. Datenbanken stellen eine große Erleichterung für Marketingexperten dar, die ihre Angebote den einzelnen Kunden auf den Leib schneidern wollen.

Beim Aufbau einer Kundendatenbank müssen Sie entscheiden, welche Informationen Sie sammeln wollen.

- Die wichtigsten Informationen, die Sie benötigen, sind die Angaben zur *Transaktionsgeschichte* jedes Käufers. Wer weiß, was ein Kunde in der Vergangenheit gekauft hat, kann daraus Schlussfolgerungen ziehen, wofür er sich das nächste Mal interessieren könnte.
- Auch *demografische* Angaben zu jedem Käufer sind oft hilfreich. Auf Verbraucher bezogen handelt es sich um Merkmale wie Alter, Bildung, Einkommen oder Familiengröße. Auf Firmen bezogen sind es die Position der Ansprechpartner im Unternehmen, ihre Aufgaben, Beziehungen und Kontaktadressen.
- Sie möchten vielleicht auch psychografische Informationen hinzufügen, aus denen Aktivitäten, Interessen und Meinungen der Kunden hervorgehen und die Aufschluss darüber geben, wie sie denken, Entscheidungen treffen und andere beeinflussen.

Die zweite Aufgabe lautet, diese Informationen zu erheben. Dazu schulen Sie Ihre Verkäufer, nach jedem Verkaufsbesuch die relevanten Informationen in die Kundendatei einzugeben. Ihre Telemarketer können zusätzliche Informationen sammeln, indem sie Kunden oder Kreditbewertungsagenturen anrufen.

Die dritte Herausforderung besteht darin, die Daten zu pflegen und zu aktualisieren. Etwa 20 Prozent der Informationen in Ihrer Kundendatenbank können jährlich veralten. Sie brauchen Telemarketer, die an jedem Werktag nach dem Stichprobenprinzip ausgewählte Kunden anrufen, um die Daten zu aktualisieren.

Viertens müssen die Informationen auch genutzt werden. Viele Unternehmen nutzen die Informationen gar nicht, die sie haben. Supermarktketten besitzen Berge von Scannerdaten über individuelle Kundenkäufe, ohne diese Schätze für das Eins-zu-Eins-Marketing einzusetzen. Banken sammeln Transaktionsinformationen, ohne sie dann zu analysieren. Diese Unternehmen sollten zumindest einen Mitarbeiter einstellen, der sich im *Data Mining* auskennt und wichtige Zusammenhänge aus den Datenbergen herausfiltern kann. Durch modernste statistische Techniken können diese Experten interessante Trends, Segmente und Chancen entdecken.

Nun stellt sich natürlich die Frage, warum nicht mehr Unternehmen systematisches Database-Marketing betreiben, wenn die Vorteile so groß sind. Zunächst einmal spielen die Kosten eine große Rolle. Die Beraterin Martha Rogers von *Peppers & Rogers Group* leugnet diesen Faktor nicht: »Die Einrichtung eines umfassenden Datenbanksystems kann Millionen Dollar kosten, wenn man die Technologie und die damit verknüpfte Implementierung sowie Prozessveränderungen berücksichtigt. Hinzu kommen noch ein paar Hunderttausend Dollar für die strategische Beratung, noch ein wenig mehr für die Integration unterschiedlicher Daten und Veränderungsprojekte – und voilà, da haben Sie eine handfeste Investition.«[6]

Das Eins-zu-Eins-Marketing ist also eindeutig nicht für jeden etwas. Es ist nichts für Unternehmen, die ein Produkt verkaufen, das man sich nur einmal im Leben kauft, wie ein großes Klavier. Es ist auch nichts für Massenhersteller wie *Wrigley*, die keineswegs vorhaben, individuelle Informationen über die Millionen Kaugummi kauender Kunden sammeln. Und es ist nichts für Unternehmen mit kleinen Budgets, auch wenn Investitionskosten etwas heruntergeschraubt werden können.

Aber Banken, Telefongesellschaften, Anbieter von Büro- und Betriebseinrichtungen und viele andere sammeln normalerweise zahlreiche Informationen über einzelne Kunden oder Händler. Das erste Unternehmen einer Branche, das sich die Vorteile des Database-Marketing zunutze macht, könnte sich einen entscheidenden Wettbewerbsvorsprung sichern.

Das Database-Marketing gerät allerdings derzeit zunehmend in ein Spannungsfeld, das sich aus dem inhärenten Konflikt zwischen Kunden- und Unternehmensinteressen ergibt (siehe unten).

Die Krux beim Database-Marketing besteht darin, dass die Kunden es als Eindringen in ihre Privatsphäre empfinden, wenn Unternehmen mehr über sie erfahren möchten, um individuellere Angebote machen zu können. Die Situation wird verschlimmert, weil die Kunden sich schon durch aufdringliche Junk-Mail, ungebetene Telefonanrufe und lästige E-Mails bedrängt fühlen.

Kundenwünsche

- Wir möchten nicht, dass Unternehmen unsere persönlichen Daten speichern.
- Wir sind bereit, einigen Unternehmen mitzuteilen, worüber wir eventuell gern informiert würden.
- Wir möchten von Unternehmen nur mit relevanten Botschaften und über bestimmte Medien angesprochen werden, und das zum richtigen Zeitpunkt.
- Wir möchten die Unternehmen leicht per Telefon oder E-Mail erreichen können und schnelle Antworten erhalten.

Unternehmenswünsche

- Wir möchten möglichst viel über jeden Kunden und potenziellen Kunden erfahren.
- Wir möchten ihnen attraktive Angebote unterbreiten, auch von Produkten, an denen sie ursprünglich nicht interessiert waren.
- Wir möchten sie auf die möglichst kosteneffektivste Weise erreichen, unabhängig von ihren Medienpräferenzen.
- Wir möchten die Kosten für Telefongespräche mit ihnen senken.

Die Sorge um den Datenschutz steigt und führt dazu, dass die Gesetzgebung die Rechte der Unternehmen zur Speicherung von Kundendaten und zur Kontaktaufnahme mit Kunden beschneidet. Dadurch werden sie gezwungen, zum weniger effizienten Massenmarketing und transaktionsorientierten Marketing zurückzukehren.

Eine mögliche Lösung könnte im so genannten *Permission Marketing* (Erlaubnismarketing) liegen, für das Seth Godin plädiert.[7] Hier fragt das Unternehmen seine Kunden, welche Angaben sie freiwillig mitteilen möchten, welche Art von Werbung sie akzeptieren und welche Medien sie dafür vorziehen.

Daten und Analysen

Ein ehemaliger CEO von *Unilever* meinte einmal, dass der Konzern seine Gewinne glatt verdoppeln könnte, wenn er nur wüsste, was er alles weiß. Was der Manager damit zum Ausdruck bringen wollte, ist klar: Viele Unternehmen sitzen auf wahren Informationsschätzen, sind aber nicht in der Lage, sie zu heben. Das hat zu einem sprunghaft gestiegenen Interesse an der Disziplin *Wissensmanagement* geführt. Dieses befasst sich mit der Frage, wie ein Unternehmen seine Informationen so verwalten kann, dass es sie leicht auffinden und nützliche Erkenntnisse daraus ableiten kann.

Viele Unternehmen, die aus Fusionen oder Akquisitionen hervor-gegangen sind, besitzen irgendwann Datensysteme, die nicht mehr zu-sammenpassen. Aber eine umfassende Sichtweise der Kunden, Kon-kurrenten und Vertriebssysteme ist erst dann möglich, wenn alle Daten in einem einzigen Datensystem zusammengeführt werden.

Beim Marketing spielen Informationen eine zunehmend wichtigere Rolle als die reine »Sales Power«, der Einsatz der Verkäufer. Dank elektronischer Datenverarbeitung und Internet kann sich kein Ver-käufer bei seinem Chef mehr damit herausreden, dass er die Branche, das Unternehmen, die Probleme oder die Potenziale eines Interessen-ten nicht kannte. Mit Hilfe von Vertriebsinformationssystemen, so genannter *Sales Automation Software,* kann heute ein Verkäufer die Bedürfnisse, Meinungen und Interessenschwerpunkte jedes Interes-senten und Kunden aufzeichnen. Der Verkäufer kann Fragen im Büro des Interessenten beantworten, indem er auf den Hauptrechner des Unternehmens oder auf andere Ressourcen auf seinem Laptop zu-greift. Er kann nach den Verhandlungen einen individuell angepass-ten Vertrag ausdrucken, der fertig zur Unterschrift ist. Danach kann er noch nachsehen, was der Kunde bisher gekauft hat und entspre-chende Chancen zum Cross-Selling oder Up-Selling nutzen.

Neben der *Sales Automation Software* benötigen die Unternehmen auch *Marketing Automation Software,* um die Marketingmitarbeiter darin zu unterstützen, ihre Effizienz und Effektivität zu steigern.

Eine Form ist die Lagerverwaltung in Echtzeit, das so genannte *Real-Time-Inventory-Management*: Dieses Instrument ermöglicht ge-naue Aussagen darüber, was ein Unternehmen und seine Konkurren-ten verkauft haben, bis hin zu den Produktmerkmalen und Preisen. Das erleichtert nicht nur eine genau abgestimmte Produktionspla-nung, sondern ermöglicht auch zeitnahe taktische Reaktionen.

- *Wal-Mart* wird immer öfter als Informations- und nicht mehr als Handelsunternehmen bezeichnet. Die Filialleiter der *Wal-Mart*-Lä-den wissen abends genau, welche Produkte sie wie häufig verkauft haben, was die Nachbestellungen für den nächsten Tag enorm erleichtert. Das Ergebnis: *Wal-Mart* führt geringere Lagerbestände und benötigt folglich weniger Betriebskapital. Nicht die prognostizierte, sondern die tatsächliche Nachfrage entscheidet über die Bestellungen. Der Handelskonzern hat Bestellung und Nachfrage eng verzahnt.

- *7-Eleven* in Japan ist eine weitere Handelskette, die ihre Entscheidungen auf der Grundlage von Informationen aus Datensystemen trifft. *7-Eleven* füllt die Lager drei Mal täglich auf, je nachdem, was die einzelnen Filialleiter in den nächsten sieben Stunden voraussichtlich verkaufen. *7-Eleven* schult die Filialleiter nicht nur darin, wie sie Kunden- und Verkaufsinformationen erheben sollen, sondern bringt ihnen auch bei, wie man sie nutzen kann.

Ein weiteres Instrument ist die Kundenberatung in Echtzeit, das so genannte *Real-Time-Selling*: Das Unternehmen bietet im Kundengespräch weitere Produkte und Dienstleistungen zum Kauf an, wobei es sich auf programmierte Regeln stützt, die an die jeweilige Situation angepasst sind.

- Ein Ehepaar Ende vierzig sucht eine Bank auf, um ein Darlehen für die bevorstehende Hausrenovierung aufzunehmen. Solche Kunden haben aller Wahrscheinlichkeit nach Kinder im College-Alter, und die Bank könnte das Gespräch auf einen College-Kredit bringen.
- Ein Geschäftsreisender checkt in einem Hotel ein, dessen Mitarbeiter aufgrund der bisherigen Buchungen wissen, dass er häufig reist. Sie könnten ihm anbieten, bei zukünftigen Geschäftsreisen seine Buchungen für Aufenthalte in Schwesterhotels vorzunehmen.

Ein weiteres Instrument ist die Automatisierung des Marketingprozesses, die so genannte *Marketing Process Automation*: Ein Unternehmen kodifiziert alle Marketingprozesse, die seine Produkt-, Marken- und Segmentmanager kennen müssen, um effektivere Arbeit leisten zu können.

- Ein Markenmanager, der einen Konzeptionstest durchführen muss, schaltet seinen Computer ein und informiert sich darüber, dass ein solcher Test aus sechs Schritten besteht. Er erhält Hinweise und Beispiele für die besten Methoden, die es in diesem Bereich gibt. Oder ein Markenmanager, der auf der Suche nach einem Instrument der Absatzförderung ist, sucht Rat in den Datenressourcen, die in seinem Computer schlummern.

Schließlich gibt es auch die Möglichkeit, Softwarepakete zusammenzustellen, mit denen Prozesse wie Produktentwicklung, Werbekampagnen, Marketingprojekte und Vertragsmanagement bewältigt werden. Anbieter sind in den USA etwa *Emmperative*, *E.piphany*, *Unica* und einige andere auf die Marketingautomation spezialisierte Firmen.

Schlachten – ob auf militärischem, geschäftlichem oder ehelichem Schlachtfeld – werden gemeinhin von der Partei mit den besseren Informationen gewonnen. Arie de Geus, ehemaliger Planungsleiter bei *Royal Dutch/Shell*, beobachtete: »Die Fähigkeit, schneller zu lernen als der Mitbewerber, ist unter Umständen unsere einzige nachhaltige Waffe im Wettbewerb.«

Allerdings müssen Manager häufig auch Entscheidungen treffen, bevor sie alle Fakten kennen. Denn wenn sie zu lange abwarten, könnte die Chance schon wieder vorbei sein.

Design

Unter dem Begriff *Design* vereinen sich Dinge wie Produktdesign, Servicedesign, Grafikdesign und Einrichtungsdesign. Das Design stellt bestimmte Werkzeuge und Konzepte zur Herstellung erfolgreicher Produkte und Dienstleistungen bereit. Aber zu wenige Manager wissen überhaupt, was Design genau ist, oder sie wissen seine Bedeutung nicht zu schätzen. Bestenfalls setzen sie Design mit Stil gleich. Selbstverständlich spielt auch der Stil eine wichtige Rolle: Der Erfolg eines

Jaguars beruht darauf, dass er sich durch Stil auszeichnet. Er beruht nicht auf seiner Zuverlässigkeit, da die meisten *Jaguars* häufig repariert werden müssen. Ein Bekannter von mir besaß immer zwei Modelle, weil eines meist in der Werkstatt war.

Der Stil oder das Aussehen spielt bei vielen Produkten eine wichtige Rolle: Bei Computern von *Apple*, bei Stereoanlagen von *Bang & Olufson*, bei Schreibutensilien von *Montblanc* oder bei der berühmten *Coca-Cola*-Flasche. Der Stil kann eine wichtige Rolle spielen, wenn Sie Ihr Produkt von anderen unterscheidbar machen möchten.

Aber das Design umfasst mehr als nur das Aussehen eines Produkts. Gutes Design erfüllt nicht nur das Kriterium der Attraktivität, sondern auch folgende andere Merkmale:

- Die Verpackung ist leicht zu öffnen.
- Das Produkt ist leicht zusammenzubauen.
- Die Bedienung ist leicht erlernbar.
- Es ist leicht zu verwenden.
- Es ist leicht zu reparieren.
- Es ist leicht zu entsorgen.

Wie wichtig etwa das Kriterium der leicht erlernbaren Bedienbarkeit ist, zeigt folgendes Beispiel. Kürzlich kaufte ich den Handheld-Computer *iPAQ* von *HP Compaq*. Zunächst gelang es mir weder, ein in der Bedienungsanleitung nicht erwähntes Zellophanpapier zu entfernen, noch die Plastikabdeckung zu öffnen, noch herauszufinden, wie man die Abdeckung handhabe. Ich bekam nicht heraus, wie man die Daten von meinem *Palm-Handheld* auf den neuen *iPAQ* übertrug, was immerhin die meisten Käufer vorhaben dürften. Nachdem ich die Daten schließlich mithilfe eines Freundes übertragen hatte, erschienen Bildschirmoberflächen, die schwer verständlich und schwer bedienbar waren. Die Bedienungsanleitung, die nur mit einer Lupe lesbar war, stellte leider auch keine Hilfe dar. Das ganze Produkt war unter dem Gesichtspunkt des Designs ein einziges Fiasko, angerichtet von Ingenieuren, die glaubten, das Produkt werde von Ingenieuren gekauft. Ich kehrte still und leise zu meinem geliebten *Palm* zurück und überließ den *iPAQ* seinem Schicksal.

Letztlich setzt also gutes Design voraus, dass man alle Handgriffe berücksichtigt, die der Kunde beim Kauf, bei der Nutzung und bei der Entsorgung des Produkts vornimmt. Folglich muss man unbedingt wissen, wer genau die Zielkunden sind. Ich erinnere mich an ein Unternehmen, das eine Bodenreinigungsmaschine für Büroräume entwickelte. Das Gerät sah gut aus und hatte nützliche Funktionsmerkmale. Aber es verkaufte sich nicht. Die Maschine ließ sich von einem durchschnittlich kräftigen Mann noch leicht schieben, aber für die meisten Frauen war sie schwer zu handhaben. Es stellte sich heraus, dass die Maschine jedoch hauptsächlich von Frauen benutzt wurde, was die Designer leider übersehen hatten.

Toyota ist schon einen Schritt weiter, was die Berücksichtigung der Zielkunden angeht. Beim Design neuer Türen für ein »Frauenauto« setzten sich die Ingenieure lange Fingernägel auf, um zu prüfen, wie sie damit die Türen öffnen und schließen konnten.

Manche Unternehmen – *Gillette, Apple, Sony* oder *Bang & Olufson* – ernennen Designmanager, die den Produkten einen aus gutem Design erwachsenden Wert hinzufügen sollen. Durch die Einrichtung einer solchen Position machen sie jedem Mitarbeiter klar, wie wichtig das Design für den Produkterfolg ist.

Das Design spielt aber nicht nur bei Produktherstellern, sondern auch bei Dienstleistern eine wichtige Rolle. Wenn Sie in einer *Starbucks*-Filiale Kaffee trinken, werden Sie feststellen, dass sich jemand große Mühe mit dem Einrichtungsdesign gegeben hat: dunkle Holztheken, kräftige Farben, edle Stoffe. Wenn Sie ein *Ritz-Carlton*-Hotel betreten, wird Ihnen sofort das noble Ambiente der Eingangshalle auffallen.

Differenzierung

Der Aktienmarkt ist ein perfektes Beispiel für einen undifferenzierten Markt. Wenn Sie 100 *IBM*-Aktien kaufen möchten, achten Sie darauf, einen möglichst günstigen Kurs zu erwischen. Vielleicht sind 1000 Anleger bereit, ihre *IBM*-Aktien zu verkaufen. Für Sie spielt allein der Preis eine Rolle. Alle anderen Merkmale des Verkäufers – wie lange er die Aktien gehalten hatte, ob er das Finanzamt oder seinen Ehegatten betrügt, welcher Religion er angehört – sind für Sie völlig unbedeutend.

Ein Produktmarkt entwickelt sich immer dann zum Massenmarkt, wenn die Kunden keinen Wert mehr auf spezifische Anbieter oder Marken legen (»Sie sind doch alle gleich«) oder wenn die Informationen über den Anbieter belanglos sind. Beispielsweise sind Orangen in einem Supermarkt eine Massenware, denn sie sehen alle gleich aus und es interessiert niemanden, auf welcher Plantage sie geerntet wurden.

Allerdings gibt es drei Faktoren, welche die Annahme eines undifferenzierten Marktes wieder außer Kraft setzen können:

- Die Produkte unterscheiden sich im Aussehen. So können Orangen in verschiedenen Größen, Formen, Farben und Geschmacksqualitäten und natürlich zu verschiedenen Preisen angeboten werden. Wir sprechen dann von der *physischen Differenzierung*.
- Die Produkte tragen verschiedene Markennamen. Wir nennen dies die *Markendifferenzierung*. Die Orangen werden dann unter Markennamen wie Sunkist oder *Florida's Best* verkauft.
- Der Kunde hat eine zufrieden stellende Beziehung mit einem Anbieter aufgebaut. Dann sprechen wir von der *Beziehungsdifferenzierung*. Auch wenn mehrere bekannte Marken nebeneinander bestehen, ist es einem Unternehmen gelungen, die Kunden besser und schneller anzusprechen und zu bedienen.

Der *Harvard*-Professor Theodore Levitt äußerte die provozierende

Behauptung: »Es gibt keine Massenprodukte. Alle Waren und Dienstleistungen sind differenzierbar.«[8] Er betrachtete Massenwaren einfach als Produkte, die es neu zu definieren galt. Der Geflügelproduzent Frank Perdue rühmte sich: »Wenn es möglich ist, ein totes Hühnchen zu differenzieren, kann man alles differenzieren.« Da verwundert es nicht, wenn ein Professor seinen MBA-Studenten einmal drohte, ihnen bei der Verwendung des Begriffs »Massenware« in einer Fallbesprechung jedes Mal 1 Dollar Strafe abzunehmen.

Dennoch glauben manche Unternehmen immer noch, dass sie sich mit reiner Willenskraft im Wettbewerb behaupten könnten. Vor einigen Jahren forderte die Nummer zwei auf dem brasilianischen Markt für Rasierklingen den Marktführer *Gillette* heraus. Wir fragten den Herausforderer, ob sein Unternehmen eine bessere Rasierklinge anbiete. »Nein«, lautete seine Antwort. »Einen niedrigeren Preis?« »Nein.« »Eine bessere Verpackung?« »Nein.« »Eine originellere Werbekampagne?« »Nein.« »Bessere Rabatte für den Handel?« »Nein.« »Wie wollen Sie denn dann *Gillette* überholen?« »Durch reine Willenskraft«, lautete die Antwort. Unnötig zu sagen, dass die Offensive ein kompletter Fehlschlag war.

Tom Peters hat den Slogan geprägt: »Wer sich nicht unterscheidet, scheidet aus.« Aber nicht jeder Unterschied ist wichtig. Achten Sie auf »sinnvolle Unterschiede, nicht bessere Gleichheit«. Die Differenzierung eines Angebots lässt sich auf unterschiedliche Weise herstellen (siehe nächste Seite).

Jack Trout beschreibt in seinem Buch *Differentiate or Die* viele Methoden, wie Unternehmen es schafften, ein Produkt, eine Erfahrung oder ein Bild im Kopf des Verbrauchers zu differenzieren.[9]

Greg Carpenter, Rashi Glazer und Kent Nakamoto behaupten, dass die Merkmale, mit denen ein Produkt hervorgehoben wird, nicht einmal unbedingt sinnvoll sein müssen.[10] Manche Artikel wie Waschpulver sind nämlich mittlerweile ausgereizt: Alle nützlichen Merkmale wurden schon entdeckt und sind in allen Produkten enthalten. Die Autoren sagen, dass in diesen Fällen auch eine »sinnlose Differenzierung« funktionieren kann.

So stellt die Kosmetikfirma *Alberto Culver* das Shampoo *Natural Silk* her, dem sie Seide beimischt – obwohl sie in einem Interview einräumte, dass Seide keinerlei positive Auswirkung auf das Haar hat. Aber ein solches Merkmal weckt Aufmerksamkeit, verdeutlicht einen Unterschied und impliziert eine bessere Wirkungsformel.

Methoden der Differenzierung

- *Produkt* (Merkmale, Leistung, Konformität, Langlebigkeit, Zuverlässigkeit, Reparierbarkeit, Stil, Design)
- *Service* (Lieferung, Installation, Kundenschulung, Beratung, Reparatur)
- *Personal* (Kompetenz, Höflichkeit, Glaubwürdigkeit, Zuverlässigkeit, schnelle Antworten, Kommunikationsfähigkeit)
- *Image* (Symbole, Print-, Audio- und Videomedien, Ambiente, Veranstaltungen)

Direktwerbung

In ihrer schlimmsten Form besteht die Direktwerbung aus dem unaufgeforderten Versand von Werbebriefen oder E-Mails (»Cold Mailing«) an eine Liste von Namen und Anschriften in der Hoffnung, bei 1 bis 2 Prozent der Empfänger eine Reaktion zu bewirken. Dieser Prozentsatz ist deshalb so niedrig, weil die Botschaft nicht an diejenigen Menschen gerichtet wird, die das Produkt benötigen, oder weil sie zum falschen Zeitpunkt kommt. Die Briefe landen im elektronischen Mülleimer und werden deshalb »Junk Mail« – Müll-Post – genannt.

In einer verfeinerten Form der Direktwerbung teilt das Unternehmen die Adressaten in Segmente ein, um die aussichtsreichsten Interessenten herauszufiltern. Auf diese Weise spart das Unternehmen Geld durch niedrigere Portogebühren und erreicht gleichzeitig eine höhere Reaktionsrate.

Die meisten Mailingaktionen zielen auf einen einzigen Verkauf ab. Es fehlt ihnen alles, was auch nur entfernt mit dem Aufbau einer Kundenbeziehung und einer emotionalen Bindung zu tun hat.

Im besten Fall kann das Unternehmen die Kunden mit seinem Angebot zufrieden stellen. Es verschickt seine Werbebriefe weder zu häufig noch zu selten und kann sich als anerkannter Lieferant etablieren.

Ich werde jedoch nie verstehen, warum ich immer wieder Kataloge von Anbietern erhalte, bei denen ich nie etwas bestelle. Entgeht das den Versandfirmen? Warum schicken sie mir keine E-Mail mit der Frage, ob ich den Katalog weiterhin erhalten möchte? Damit würden sie ein so genanntes Erlaubnismarketing oder *Permission Marketing* betreiben und eine Menge Geld sparen.

Einzelhandel

Als der Einzelhandel noch aus kleinen Handelsunternehmen bestand, saßen die Hersteller am längeren Hebel. Die mächtigsten Produzenten konnten die Bedingungen und die Regalfläche für ihre Artikel diktieren. Das Aufkommen der Einzelhandelsriesen – Selbstbedienungswarenhäuser, Verbrauchermärkte, branchendominierende Unternehmen oder »Category Killers« – führte zu einer grundlegenden Verschiebung der Machtverhältnisse. Der Einzelhandel gilt nun nicht mehr als Abladeplatz für die Produkte der Herstellerfirmen, sondern er schlüpft in die Rolle des Verbrauchervertreters. Die Einzelhändler sind bestrebt, zunehmend Produkte in ihr Sortiment aufzunehmen, mit denen ihre Kunden in hohem Maße zufrieden sein würden. Außerdem ordern die Einzelhandelsgiganten derart große Mengen, dass sie die Hersteller gegeneinander ausspielen und sich so die besten Geschäftsbedingungen sichern können. Ein Unternehmen wie *Toys `R´*

Us eroberte einen so großen Anteil des Spielzeugmarktes, dass es darauf bestehen konnte, am Entwurf und an der Verpackung neuer Spielzeuge mitzuwirken, die es eventuell in sein Sortiment aufnimmt.

Die Machtverschiebung von den Produzenten zu den Handelsunternehmen wurde von Kevin Price, Sales Manager bei *Bowling Green*, treffend beschrieben: »Vor zehn Jahren war der Einzelhändler ein Chihuahua, der dem Hersteller um die Füße sprang – eine Plage zwar, aber doch keine große Belastung. Sie brauchtes das Hündchen nur zu füttern, und es rannte davon. Aus dem Chihuahua ist ein Pit Bull geworden, der Ihnen die Arme und Beine abreißen will. Sie würden den Hund gerne auf den Rücken werfen, sind jedoch so damit beschäftigt, sich zu verteidigen, dass Sie es gar nicht erst versuchen.«[11]

Die einzige Kraft, die Einzelhändler heute noch in Schach hält, ist ihr Wettbewerb untereinander: *Home Depot* gegen *Lowe's*, *Sam's* gegen *Costco*, *Barnes & Noble* gegen *Borders*, *Office Max* gegen *Office Depot* gegen *Staples*, *Circuit City* gegen *Best Buy*.

Im Einzelhandel geht es ums Detail. Einzelhandel ist harte Arbeit. Cyril Magnin, amerikanischer Einzelhändler, mahnte: »Wenn Sie über 40 Jahre alt sind, haben Sie im Einzelhandel nichts zu suchen.« Ein altes chinesisches Sprichwort fügt folgenden Rat hinzu: »Wenn Sie nicht lächeln können, sollten Sie keinen Laden aufmachen.«

Die drei Erfolgsfaktoren im Einzelhandel lauteten lange Zeit »Standort, Standort, Standort«. Mit der Verbreitung des Internet hat sich das geändert. Millionen von Menschen kaufen Bücher bei *Amazon.com*, ohne den physischen Standort des Unternehmens zu kennen. Alles, was *Amazon* braucht, ist eine Internetadresse.

Unternehmen müssen die Beziehungen zu ihren Händlern stärken. Dazu bietet sich die Einrichtung eines Händlerausschusses an, der mehrmals im Jahr zusammentritt. Regen Sie Ihre Partner im Handel zu Kritik und Verbesserungsvorschlägen an. Schicken Sie Experten, um ihnen bei der eigenen Optimierung zu helfen. Im Idealfall lernt ein Unternehmen von den besten Händlern und setzt andere Händler über *Best-Practice-Verfahren* in Kenntnis. Außerdem verdienen Spitzenhändler besondere Anerkennung und bessere Konditionen.

Die Einzelhändler müssen heute neue Verfahren einführen, um auf einem harten Markt zu überleben.

Zunächst einmal sollten sie mehr Geld dafür aufwenden, ihre Kunden kennen zu lernen. Händigen Sie Ihren Kunden eine Clubkarte aus und erfassen Sie die entsprechenden Informationen in einer Kundendatenbank. Eine Analyse der Kundenkäufe gibt Ihnen Aufschluss darüber, welche Kunden besonders viel Wein, Fisch oder Speiseeis kaufen – für diese Kundensegmente können dann besondere Veranstaltungen durchgeführt werden, zu denen man die Kunden gezielt einlädt.

Zweitens müssen Einzelhändler investieren, um den Einkauf von einer lästigen Aufgabe in ein angenehmes Erlebnis zu verwandeln. Das Markenerlebnis umfasst viel mehr Aspekte als nur das Markenimage. Durch den Aufbau einer unverwechselbaren Markenerfahrung können Sie Konsumenten veranlassen, Ihr Geschäft häufiger zu besuchen – das haben *Barnes & Noble*, *Stew Leonard's*-Supermärkte und andere führende Einzelhändler eindrucksvoll bewiesen.

Drittens sollten sich Einzelhändler stärker im Eigenmarkenbereich engagieren. Handelsmarken ermöglichen ein lukrativeres Geschäft als Herstellermarken. Früher einmal waren Eigenmarken weniger angesehen als Herstellermarken. Doch dann kam *President's Choice*, die Handelsmarke der Supermarktkette *Canada's Loblaws*, auf den Markt, deren Qualität einige Herstellermarken in den Schatten stellte. Der nächste Schritt bestand nun darin, dass die Einzelhändler zwei oder drei Handelsmarken von unterschiedlicher Qualität und mit unterschiedlichem Preis einführten. Wichtig war vor allem, dass Vertrauen in den Einzelhändler aufgebaut wurde und die Kunden gute Produkte für ihr Geld erhielten.

Viertens sollten auch Einzelhändler im Internet auftreten und den Kunden auf ihrer Website umfassende Informationen und Möglichkeiten zur Kontaktaufnahme und zum Dialog anbieten.

Erfolg und Misserfolg

J. Paul Getty, Gründer von *Getty Oil* und Multimilliardär, verriet sein Erfolgsgeheimnis: »Früh aufstehen, bis in die Nacht arbeiten, Öl finden.« Für viele von uns bleibt es leider bei den beiden ersten Tätigkeiten. Der Songwriter Irving Berlin beklagte sich: »Das Schlimmste am Erfolg ist, dass man ihn immer bestätigen muss.« »Erfolg ist nie endgültig«, bemerkte Winston Churchill.

Tatsächlich kann Erfolg sogar als Hauptgrund für den Misserfolg bezeichnet werden. Fünf Erfolgsjahre hintereinander ruinieren jedes Unternehmen. Lew Platt, CEO von *Hewlett-Packard*, meinte: »Die größten Probleme im Geschäftsleben entstehen, wenn man ein Jahr zu lang an einem erfolgreichen Geschäftsmodell festhält.«

Der Erfolg eines Unternehmens hängt letztlich vom Erfolg seiner Kunden und Geschäftspartner ab. Allerdings sollten Unternehmen auch nicht versuchen, es allen recht zu machen. Das führt zwangsläufig zum Scheitern.

Betrachten Sie Misserfolge nicht grundsätzlich als etwas Negatives. Henry Ford war folgender Ansicht: »Ein Misserfolg ist nur die Gelegenheit, auf intelligentere Weise noch einmal von vorn anzufangen.« Wie er hinzufügte, hätte er niemals jemanden eingestellt, dem noch nie etwas misslungen war. Der englische Biologe Thomas Huxley war der gleichen Ansicht: »Wer schon frühzeitig einige Misserfolge hinter sich bringt, hat für den Rest seines Lebens enorme praktische Vorteile.«

Erlebnismarketing

In der Regel sprechen wir davon, *Waren* und *Dienstleistungen* zu vermarkten. Joe Pine und James Gilmore dagegen plädieren dafür, *Erfahrungen*[12] zu vermarkten – oder unsere Waren und Dienstleistungen durch Erfahrungen und Erlebnisse aufzuwerten.

Diese Idee ist nicht ganz neu. Die besten Restaurants sind ebenso sehr für das Erlebnis ihres Besuchs wie für ihre Speisen bekannt. *Starbucks* streicht für das Erlebnis, besten Kaffee zu trinken, 2 Dollar oder mehr ein. Lokale wie *Planet Hollywood* und *Hard Rock Café* werden von vornherein unter dem Aspekt der Erlebnisgastronomie gegründet. Hotels in Las Vegas locken ihre Gäste mit der Aussicht, sich in das alte Rom oder nach New York City versetzt zu fühlen.

Aber der Meister des Erlebnismarketing ist *Walt Disney*, der den Besuchern seiner Themenparks Erlebnisse im Wilden Westen, in Märchenschlössern oder auf Piratenschiffen bietet. Das Ziel beim Erlebnismarketing lautet, eine potenziell langweilige Sache durch Spannung und Entertainment zu einem Erlebnis zu machen.

Wenn Sie bei *Niketown* Basketballschuhe kaufen möchte, stehen Sie vor einem fünf Meter hohen Foto von Michael Jordan. Dann probieren Sie auf einem Basketballfeld aus, mit welchen Schuhen Sie am besten spielen können. Oder Sie gehen zum Outdoor-Ausrüster *REI* und testen Kletterausrüstung an der Kletterwand des Geschäfts oder eine wasserdichte Regenjacke unter einem simulierten Wasserfall. Oder Sie suchen bei *Bass Pro* eine Angel und testen sie gleich, indem Sie sie in den Fischteich werfen, den die Filiale angelegt hat.

Alle Händler bieten Dienstleistungen an. Entscheidend ist, dass Sie Ihren Kunden ein Erlebnis anbieten, an das sie sich gern erinnern.

Finanzmarketing

Ich habe die Vermarkter immer wieder darauf hingewiesen, dass sie sich auch im Finanzbereich auskennen müssen. Mit dieser Forderung bin ich allerdings nie auf besondere Begeisterung gestoßen. Schließlich gehen die Marketingexperten deshalb ins Marketing, weil sie sich mehr für Menschen als für Zahlen interessieren.

Aber nur wenigen Marketingfachleuten steht der Aufstieg an die Unternehmensspitze offen, wenn sie sich hartnäckig weigern, den

Schleier des Geheimnisses über den Bereichen Finanzen und Rechnungswesen zu lüften. Um Führungsaufgaben wahrzunehmen, muss man Gewinn- und Verlustrechnungen, Cashflow-Rechnungen, Bilanzen und Budgets lesen und verstehen können. Konzepte wie Kapitalumschlag, Kapitalrendite (Return on Investment – ROI), Gesamtkapitalrendite (Return on Assets – ROA), Free Cash Flow, wertsteigernde Unternehmensführung (Economic Value Added – EVA), Marktkapitalisierung und Kapitalkosten dürfen keine Bücher mit sieben Siegeln sein.

In den Unternehmen ist eine Ausrichtung auf den Shareholder Value festzustellen. Der Firmenchef ist nur zufrieden, wenn sein Marketingleiter nachweist, dass die jüngsten Kampagnen den Bekanntheitsgrad der Marke, das Wissen der Kunden, ihre Zufriedenheit oder ihre Bindung gesteigert haben. Er möchte genau wissen, wie sich das Marketing auf die Kapitalrendite und die Aktienkurse auswirkt. Deshalb liegt es auf der Hand, dass die Marketingverantwortlichen anfangen müssen, die Systeme und Methoden, mit denen sie den Marketingerfolg kontrollieren, mit den Systemen und Methoden zur Kontrolle des finanziellen Erfolgs zu verknüpfen.

Von Sparmaßnahmen in den Unternehmen bleiben auch die Marketingkosten nicht verschont. Wo der Rotstift gezückt wird, müssen die Marketingverantwortlichen heute jeden einzelnen Posten ihres Marketingbudgets verteidigen. Sie müssen den Nachweis führen können, dass jeder Posten zur Steigerung des Shareholder Value beiträgt.

Vor diesem Hintergrund ist es in vielen Unternehmen sinnvoll, *Marketing-Controller* einzustellen. Dies sind Finanzexperten, die sich auch gut genug im Marketing auskennen, um die Kostensenkungsmaßnahmen in die richtige Richtung zu lenken. Sie wissen, dass Werbung, Verkaufsförderung und andere Marketingmaßnahmen unabdingbar sind. Ihre Aufgabe lautet, dafür zu sorgen, dass die vorhandenen Mittel richtig verteilt werden. Im Wesentlichen gibt es zwei Methoden, um dafür zu sorgen, dass sich die Marketinginvestitionen mehr lohnen:

- Das Unternehmen steigert die *Effizienz des Marketing*. Zur Marketingeffizienz gehört es, die Kosten der erforderlichen Aktivitäten zu reduzieren. Nehmen wir an, das Unternehmen benötigt Point-of-Purchase-Displays und bestellt sie bei einer Firma, ohne vorher mehrere Angebote einzuholen. Durch den Anbietervergleich hätte es möglicherweise bei gleicher oder besserer Qualität einen günstigeren Anbieter finden können. Oder ein Unternehmen führt eine Marktstudie durch, nur um dann festzustellen, dass eine Marktforschungsfirma ihm zu geringeren Kosten gleichwertige oder sogar bessere Ergebnisse geliefert hätte. Weitere Beispiele: Überhöhte Kommunikations- und Transportausgaben werden aufgedeckt, unproduktive Verkaufsbüro geschlossen und unrentable Verkaufsförderungsprogramme eingestellt, oder die Bezahlung der Werbeagenturen wird auf eine erfolgsabhängige Basis umgestellt.

- Das Unternehmen steigert die *Effektivität des Marketing*. Das bedeutet, dass das Unternehmen einen produktiveren Marketingmix anstrebt. Dazu könnte es etwa teure Vertriebswege durch günstigere ersetzen, mehr Geld von der Werbung in die Öffentlichkeitsarbeit umleiten, neue Produktmerkmale hinzufügen oder alte abschaffen oder den Informations- und Kommunikationsfluss durch neue Technologien straffen und effektiver gestalten.

Das Ziel des Marketing lautet, nicht nur den Umsatz, sondern auch die langfristigen Gewinne zu maximieren. Während sich die Verkäufer auf den Umsatz konzentrieren, müssen die Marketingverantwortlichen den Gewinn im Blick haben. Jeder Marketingspezialist muss sich heute auch im Finanzwesen auskennen.

Fokussierung und Nischen

Gute Unternehmen suchen sich Schwerpunkte. Ein altes Sprichwort besagt: Wer zwei Affen jagt, dem werden beide entwischen.

Massenmärkte bergen zahlreiche Nischen. Der Massenvermarkter hat das Problem, dass er Nischenanbieter auf den Plan ruft, die bestimmte Kundengruppen besser ansprechen und ihre Bedürfnisse besser erfüllen können. Je mehr Nischen entstehen, desto mehr schrumpft der Markt des Massenanbieters.

Sie haben also die Wahl, ob Sie ein »Gorilla« oder ein »Guerilla« sind. Entweder geben Sie Marktanteile an Nischenanbieter ab oder Sie besetzen selbst Nischen. Meiner Ansicht nach können Nischen durchaus Goldgruben sein. Die Kunden sind froh, dass sich jemand um ihre besonderen Bedürfnisse kümmert. Wenn Sie es richtig anfangen, werden Sie die Nische dominieren. Vom Volumen her mag das Nischengeschäft bescheiden sein, aber die potenziellen Gewinnspannen sind hoch. Die Konkurrenten halten sich lieber heraus, weil die Nische zu klein ist, um zwei Konkurrenten das Überleben zu sichern.

Welches ist der nächste Schritt, wenn sich ein Nischenanbieter etabliert hat? Einen Fehler sollte er tunlichst vermeiden: Er darf nämlich nicht versuchen, ein Generalist zu werden und den Massenmarkt in Angriff zu nehmen. Es gibt drei solide Strategien, die zu empfehlen sind:

1. *Die Zahl der Produkte und Dienstleistungen in derselben Nische wird erhöht.* Der Versicherungskonzern USAA verkaufte ursprünglich Autoversicherungen an Militäroffiziere. Dann erweiterte er die Palette um Lebensversicherungen, Kreditkarten, Investmentfonds und andere Finanzprodukte.

2. *Es werden potenzielle Kunden in der Nachbarschaft der Nischenkunden gesucht.* Die USAA erkannte, dass ihr irgendwann die Militäroffiziere ausgehen würden, die ihren Kundenkreis darstellten. Deshalb beschloss sie, ihren Zielmarkt zu erweitern und ihre Produkte sämtlichen Militärangehörigen anzubieten.

3. *Es werden weitere Nischen gesucht.* Jede Nische kann unter Beschuss genommen oder überflüssig gemacht werden. Die beste Möglichkeit, sich gegen die Verwundbarkeit einer einzelnen Nische zu schützen, besteht darin, zwei oder mehr Nischen zu besetzen. Auf diese Weise gewährleistet das Unternehmen nicht nur profitable Geschäfte, sondern auch ein hohes Volumen, weil es einen ganzen Strauß von Nischen besitzt. Ein gutes Beispiel ist der Konsumgüterhersteller *Johnson & Johnson*, der nicht nur auf einigen Massenmärkten eine starke Präsenz aufrechterhält, sondern auch auf Hunderten von spezialisierten Business-to-Business-Märkten die technische Führung besitzt oder Marktführer ist.

Nischenanbieter sind nicht zwangsläufig Kleinunternehmen. Professor Hermann Simon nennt in seinem Buch *Die heimlichen Gewinner*[13] viele mittelständische deutsche Unternehmen, die in klar abgegrenzten globalen Nischen einen Marktanteil von über 50 Prozent besitzen. Beispiele sind *Steiner Optik* mit 80 Prozent des Weltmarktes für Militärferngläser; der Fischfutterhersteller *Tetra* mit 80 Prozent Marktanteil bei Futter für tropische Fische und das Traditionsunternehmen *Becher*, das weltweit 50 Prozent der Allwetter-Großschirme herstellt. Diese und andere Unternehmen bearbeiten gut definierte Nischen auf globalen Märkten. Von der Öffentlichkeit werden sie zwar selten wahrgenommen, aber das ändert nichts an ihren hervorragenden Renditen.

Führerschaft

Führungskräfte sollten führen, aber meist verwalten sie nur. Wer den Großteil seiner Zeit über Budgets, Organigrammen, Kostenfragen, Normen und sonstigen Details grübelt, ist ein Verwalter. Um ein guter Anführer zu werden, muss man viel Zeit mit Menschen verbringen, Chancen sondieren, Visionen entwickeln und Ziele setzen.

Der CEO, Vorstandsvorsitzende oder Geschäftsführer sollte der »Architekt« eines Unternehmens sein, während die »Ingenieure« auf der nachgeordneten Führungsebene die Abläufe innerhalb dieser Architektur optimieren. Beide müssen gleichzeitig gute Verkäufer sein, denn schließlich müssen sie ihre Ideen den Anlegern, Kollegen und Mitarbeitern schmackhaft machen. Gute Manager sind Lehrer, die anderen zeigen, wie man führt. Schlechte Manager dagegen verlassen sich auf das Weisungsprinzip und starre Kontrollmechanismen, um ihre Führungsaufgaben wahrzunehmen.

Aufgabe eines Unternehmensführers ist es, »Sinn zu schaffen« (John Seely Brown, Entwicklungschef von *Xerox*). Der Anführer braucht eine Vision. Eine Vision ist »die Kunst, das Unsichtbare zu sehen« (Jonathan Swift). Sie lässt ein Bild der Chancen des Unternehmens entstehen und vermag so die Mitarbeiter und Aktionäre zu begeistern. Die Vision muss dem Firmenchef ein innerstes Anliegen werden, wenn er damit andere mitreißen und ihr Engagement gewinnen will. Aber vergessen Sie nie: Es gibt einen großen Unterschied zwischen Visionen und Halluzinationen.

Einem guten Manager wird Respekt für seine Vision und seine Persönlichkeit gezollt. Seine Mitarbeiter glauben fest daran, dass der Manager ihnen dient und ein *dienender Unternehmensleiter* ist. Napoleon sagte: »Ein Anführer ist jemand, der mit der Hoffnung handelt.« Robert Townsend, ehemaliger CEO von *Avis Rent-A-Car*, beobachtete: »Echte Führerschaft muss den Geführten nützen, nicht den Führer bereichern.« Führerschaft funktioniert am besten, wenn der Unternehmensleiter engagierte Anhänger hat.

Manche fordern von hervorragenden Führungspersönlichkeiten Charisma und verweisen etwa auf Franklin Roosevelt oder Winston Churchill. Sie vergessen Harry Truman. Ein guter Anführer braucht kein Charisma, um effektiv zu sein. Charismatische Führer sind oft sogar verdächtig. Einige der größten Wirtschaftslenker machen ihre Arbeit ruhig und ohne Aufhebens und finden einen Weg in die Köpfe und Herzen ihrer Mitarbeiter. Sie sind freundlich, zugänglich und fürsorglich. Sie sind Rollenvorbilder. Charles R. Walgreen III verwandelte *Walgreen Co.* in ein Unternehmen, dessen Aktienkursentwicklung seit 1975 die allgemeine Marktentwicklung um mehr als das 15fache übertrumpft hat. Aber er nimmt diesen Erfolg nie für sich allein in Anspruch, sondern verweist auf sein hervorragendes Team und darauf, dass er »Glück hatte«. Katherine Graham von der Washington Post war eine weitere ruhige Führungspersönlichkeit, der es gelang, eine schon hervorragende Zeitung noch weiter zu verbessern. Der chinesische Philosoph Laotse sagte: »Ein Führer leistet dann Hervorragendes, wenn die Menschen kaum bemerken, dass es ihn gibt.«[14]

Gute Manager umgeben sich am liebsten mit talentierten Menschen. Sie träumen davon, Führungskräfte zu finden, die mehr wissen als sie selbst. Tom Siebel, CEO von *Siebel Systems*, hat den Anspruch, dass seine Führungskräfte in ihren jeweiligen Bereichen deutlich besser qualifiziert sein müssen als er selbst. Der Finanzchef sollte die Finanzen besser kontrollieren und der Marketingleiter ein besseres Marketing betreiben können. Die Hauptaufgabe eines Firmenchefs lautet, ein Team von Experten aufzubauen, die zueinander passen und gemeinsam die Unternehmensziele verfolgen.

Gute Manager möchten keine Jasager um sich haben. Schrecken Sie deshalb nicht davor zurück, sich von Mitarbeitern zu trennen, die Ihnen immer nur zustimmen. Gute Manager möchten ehrliche Meinungen hören. Sie fordern zu konstruktiven Debatten und unkonventionellem Denken auf. Sie möchten immer wieder neue Ideen hören. Sie tolerieren Fehler. Und wenn sie eine Entscheidung getroffen haben, motivieren sie ihre Mitarbeiter, ihr Bestes zum Gelingen beizutragen.

Die besten Manager verbringen auch nicht zu viel Zeit damit, über den Zahlen zu brüten. Sie verlassen ihren Schreibtisch und suchen den Kontakt mit den Mitarbeitern. Außerdem widmen sie den wichtigsten Kunden viel Zeit. Jack Welch von *General Electric* verbrachte 100 Tage jährlich im Gespräch mit wichtigen Kunden. Lou Gerstner von *IBM* hielt es ebenso.

Gleichzeitig stehen die Unternehmensführer auch vor wahrhaft großen Aufgaben. Sie vollbringen ihre Leistungen tatsächlich nicht beim Golfspielen mit anderen Wirtschaftslenkern. Ein CEO sagte: »Ich fühle mich nur wohl, wenn ich mich unwohl fühle.« Als Dick Ferris, ehemaliger CEO der *United Air Lines*, gefragt wurde, wie er in schwierigen Zeiten schlafe, sagte er: »Wie ein Baby – ich wache alle zwei Stunden auf und weine.«

Ein guter Unternehmensleiter ist ein Optimist und kein Pessimist: Das Glas, das vor ihm steht, ist halb voll und nicht halb leer. In Krisenzeiten kann er zeigen, was er kann – ähnlich wie ein guter Kapitän, der sich in vielen Stürmen bewährt hat. So wie er lebt auch jeder Topmanager immer mit dem Risiko. Die Mitarbeiter sind da besser dran, weil sie nicht die Verantwortung für die Anweisungen tragen, die sie ausführen.

Manager lassen sich manchmal vom Erfolg korrumpieren. Wenn sie nicht aufpassen, entwickeln sie ein übersteigertes Ego. Jemand formulierte dies so: »Menschen mit einem übersteigerten Ego halten sich für die Saat auf dem Acker, dabei sind sie nur das Unkraut.«

Was die Einstellung der Unternehmensführer zum Marketing angeht, betrachten leider viele die Marketingausgaben nur als Kostenfaktor, nicht aber als renditeträchtige Investitionen. Es gibt zwei Arten von Firmenchefs: Diejenigen, die wissen, dass sie nichts vom Marketing verstehen, und diejenigen, die nicht wissen, dass sie nichts vom Marketing verstehen.

Garantieversprechen

Garantieversprechen kommen immer mehr in Mode. Solche Versprechen können durchaus wichtige Bausteine sein, um den Wert und die Glaubwürdigkeit eines Unternehmens zu steigern. Dabei kann es sich um eine Kaufpreiserstattung, eine Wiedergutmachung oder die Möglichkeit des Umtausches handeln, falls ein Kunde nicht zufrieden ist. Entscheidend ist, dass die Garantieversprechen für die Kunden sinnvoll, nicht mit Einschränkungen verbunden und glaubwürdig und leicht verständlich sind. Zusicherungen, dass Sie in einer Woche zehn Kilo abnehmen, Französisch an einem Tag lernen oder aus Ihrer Glatze eine üppige Mähne wird, gehören nicht in diese Kategorie.

Den folgenden Unternehmen ist es gelungen, durch klare Versprechen treue Kunden zu gewinnen:

- Die Hotelkette *Hampton Inn* garantiert: »Wenn Sie nicht absolut zufrieden sind, erstatten wir Ihnen den Übernachtungspreis.«
- Die kanadische Supermarktkette *Loblaws* bietet ihren Kunden an, die Produkte der eigenen Hausmarke gegen nationale Marken umzutauschen, falls die Kunden diese für besser halten.
- *Xerox* liefert seine Produkte mit einer Umtauschgarantie von drei Jahren aus, um den Kunden vollständig zufrieden zu stellen.
- Der Schreibutensilienhersteller *A. T. Cross* bietet eine zeitlich unbegrenzte Umtauschgarantie für seine Produkte. Der Kunde schickt den kaputten Kugelschreiber oder Federhalter an das Unternehmen zurück, das den Gegenstand kostenlos repariert oder ersetzt.
- Die *General-Motors*-Tochter *Saturn* nimmt bei Unzufriedenheit des Kunden jeden Neuwagen innerhalb von 30 Tagen zurück.
- Die Speditionsfirma *Allied Van Lines* verspricht ihren Kunden 100 Dollar pro Tag Verspätung bei der Beförderung von Fracht.
- *BBBK Pest Control* erstattet Kunden ihr Geld zurück, wenn es dem Unternehmen nicht gelungen ist, alle Schädlinge zu beseitigen, und übernimmt sogar Kosten für erneute Bekämpfungsaktion.

L. L. Bean, Spezialist für Outdoor-Bekleidung, verspricht seinen Kunden: »Wir garantieren, dass Sie mit allen unseren Produkten 100 Prozent zufrieden sein werden. Sollte das nicht der Fall sein, können Sie uns die Waren jederzeit zurückgeben. Wir tauschen sie um, erstatten den Kaufpreis oder schreiben Ihnen den Betrag gut – ganz wie Sie wollen. Wir möchten nicht, dass Sie etwas von L. L. Bean haben, das Sie nicht absolut zufrieden stellt.«

Nun gibt es immer auch Unternehmen, die vollmundige Verspre-

chen geben, sie aber nicht einlösen. Ihre Anwälte verstecken im Klein-
gedruckten alle möglichen Bedingungen und Ausschlussgründe, sodass die Garantie letztlich das Papier nicht wert ist, auf dem sie ge-
druckt wird. Aber solche Unternehmen schneiden sich ins eigene
Fleisch, denn wütende und enttäuschte Kunden können durch nega-
tive Mundpropaganda immensen Schaden anrichten.

Gewinn

Soll die Maximierung des Gewinns ein Unternehmensziel sein? Nein!
Früher glaubten Unternehmen, dass sie den höchsten Profit erzielen
könnten, wenn sie ihren Lieferanten, Beschäftigten, Verkäufern und
Händlern möglichst wenig bezahlten. Bei diesem *Nullsummen-Den-
ken* geht man davon aus, dass ein Kuchen von einer bestimmten Größe
zu verteilen ist und das Unternehmen am besten fährt, wenn es seinen Partnern möglichst wenig abgibt.

Wer so denkt, unterliegt jedoch einem Trugschluss – denn letztlich
hat man davon nur schlechte Lieferanten, schlechte Mitarbeiter und
schlechte Händler, die schwache Leistungen abliefern und demorali-
siert sind. Viele verlassen das Unternehmen, wodurch hohe Neube-
setzungskosten entstehen, und früher oder später gerät das Unternehmen in finanzielle Schwierigkeiten.

Erfolgreiche Firmen von heute arbeiten nach der *Marketingtheo-
rie der Positivsumme*. Sie setzen auf herausragende Lieferanten, Mitarbeiter und Handelspartner, mit denen sie eine Zusammenarbeit an-
streben und nach einer für alle Seiten profitablen Lösung suchen. In
einem solchen Gefüge können alle Beteiligten nur gewinnen.

Firmen, die kurzfristigen Profit anvisieren, werden keinen langfristigen Gewinn erwirtschaften. Die Navajo-Indianer sind da klüger. Ein
Navajo-Häuptling trifft erst dann eine Entscheidung, wenn er deren
mögliche Auswirkungen auf die nächsten sieben Generationen erwo-
gen hat.

Einige Unternehmen hoffen, ihren Gewinn durch Kostensenkungen steigern zu können. Wie Gary Hamel feststellte, ist dies jedoch mit Gefahren verknüpft: »Im Übermaß betrieben, ist der Personal- und Kostenabbau wie eine Art Magersucht ... Die Unternehmen werden zwar schlank, das stimmt, tun aber sicherlich nichts für ihre Gesundheit.« Sie können sich nicht zur Größe schrumpfen.

Es folgt die Geschichte eines Unternehmens, das glaubte, sein Heil in Kostenreduzierungen gefunden zu haben.

Das Unternehmen, ein Hersteller medizinischer Geräte, dümpelte mit schwachen Umsätzen und mageren Erträgen vor sich hin. Der Vorstandschef war wild entschlossen, den Gewinn und den Aktienkurs des Unternehmens zu verbessern. So ordnete er allgemeine Kostensenkungen an. Der Gewinn stieg, und der Vorstandchef erwartete das Gleiche nun auch vom Aktienkurs. Als die Kursverbesserung ausblieb, ging er zur Wall Street, um nach den Ursachen zu forschen. Die Analysten teilten ihm mit, dass sich zwar die Rentabilität des Unternehmens verbessert habe, jedoch keinerlei Ertragswachstum zu beobachten sei. Daraufhin beschloss der Vorstandsvorsitzende, die Produktpreise zu senken, um das Wachstum anzukurbeln. Seine Maßnahme hatte Erfolg, doch jetzt litt die Rentabilität. Die Moral von der Geschichte lautet, dass Investoren Firmen bevorzugen, die sowohl ihr Wachstum als auch ihre Rentabilität steigern können.

Ram Charan und Noel M. Tichy vertreten in ihrem Buch *Every Business Is a Growth Business: How Your Company Can Prosper Year after Year* die Ansicht, dass Firmen gleichzeitig Wachstum und Rentabilität erreichen können.[15] Angesichts der Tatsache, dass die Unternehmensführung stets Kompromisse eingehen muss, erscheint dies als gewagte These. Die beiden Autoren bringen jedoch überzeugende Argumente vor.

Einige Unternehmen haben unter Beweis gestellt, dass sie mit niedrigen Preisen äußerst gewinnbringend arbeiten können. Die Autovermietung *Enterprise* berechnet branchenweit die niedrigsten Tarife und erwirtschaftet gleichzeitig den größten Profit. Das Gleiche gilt für *Southwest Airlines, Wal-Mart* und *Dell.*

Um nachvollziehen zu können, wie die hohen Erträge dieser Niedrigpreisanbieter zustande kommen, muss man sich vor Augen halten, dass *Rendite* (R) das Ergebnis von *Gewinnspanne x Geschwindigkeit* ist. Das heißt:

$$R = \frac{\text{Ertrag}}{\text{Umsatz}} \quad x \quad \frac{\text{Umsatz}}{\text{Anlagevermögen}}$$

Ein Niedrigpreisanbieter erwirtschaftet mit seinem Umsatz zwar geringere Erträge (wegen des niedrigen Preises), erzielt jedoch pro Dollar Anlagevermögen erheblich mehr Umsatz (weil die niedrigen Preise mehr Kunden anlocken). Damit diese Rechnung aufgeht, müssen die entsprechenden Firmen ihren Kunden allerdings gute Qualität und guten Service anbieten.

Unternehmen können auch dann Gewinne einfahren, wenn sie Wege entwickeln, um ihren Kunden einen höheren Wert anzubieten. Peter Drucker beobachtete: »Kunden sehen es nicht als ihre Aufgabe an, dafür zu sorgen, dass Hersteller Gewinn machen.« Anbieter müssen sich überlegen, wie sie nicht nur ihren Umsatz steigern, sondern sich auch das Wiederholungsgeschäft ihrer Kunden sichern können. Der größte Gewinn wird mit Wiederholungskäufen erzielt.

Auf den Führungsetagen dreht sich das Gespräch meist um die aktuelle Ertragslage. Die wahre Leistung eines Unternehmens geht jedoch weit über seine Finanzdaten hinaus. Jerry L. Stead, Chairman und CEO von *NCR*, brachte es auf den Punkt: »Wenn Sie an einem Meeting teilnehmen, egal welcher Art, und nach 15 Minuten noch nicht über Kunden oder Konkurrenten gesprochen wurde, melden Sie sich und fragen, warum.«

Es folgen vier aus Japan stammende Zielsetzungen, mit denen eine außergewöhnliche Rentabilität erreicht werden kann. Jede einzelne von ihnen würde eine umfangreiche Besprechung verdienen:

1. *Null-Reaktionszeit auf Kundenfeedback.* So schnell wie möglich aus Kundenreaktionen lernen.
2. *Null-Produktverbesserungszeit.* Produkte und Dienstleistungen kontinuierlich verbessern.
3. *Nullbestand.* Den Lagerbestand so gering wie möglich halten.
4. *Nullfehler.* Fehlerfreie Produkte und Dienstleistungen herstellen.

Zu viele Unternehmen verbringen mehr Zeit mit der Messung der Produktprofitabilität als der Kundenprofitabilität. Letztere ist jedoch wichtiger. »Das einzige Profit Center ist der Kunde.« (Peter Drucker)

Imagemarketing und emotionales Marketing

Das Imagemarketing und das emotionale Marketing spielen eine immer wichtigere Rolle für Unternehmen, die ihre Marken im Gedächtnis der Kunden stärker verankern und die Beziehung zu ihnen stärken wollen, indem sie Emotionen bei ihnen wecken.

Diese Tendenz war zwar immer vorhanden, gewinnt heute aber an Bedeutung. Bislang galt es im Marketing als unumstößliches Gebot, dass ein Unternehmen seine Konkurrenten in irgendeiner Hinsicht überflügeln und diesen Vorteil dann bewerben müsse: »*Volvo* stellt die sichersten Autos her«; »*Tide* wäscht sauberer als jedes andere Waschpulver«, »*Wal-Mart* hat die niedrigsten Preise.« Hinter der Bezeichnung *Benefit- Marketing* verbirgt sich die Annahme, dass sich die Verbraucher durch rationale Nutzenargumente beeinflussen ließen, weniger durch emotionale Appelle. Aber heute kopieren die Unternehmen schnell jeden Vorteil ihrer Konkurrenten, sodass er bald als selbstverständlich vorausgesetzt wird. Der Ruf als Hersteller von Autos mit einem hohen Sicherheitsstandard nützt *Volvo* nicht mehr viel, wenn die Kunden anfangen, die meisten Autos als sicher zu betrachten.

Heute versuchen die Unternehmen, Bilder zu finden, mit denen sie das Herz und nicht den Verstand der Verbraucher ansprechen. Slogans, die an die Vernunft appellieren, enthalten in der Regel sehr ähnliche Argumente. Deshalb verkaufen die Unternehmen lieber Einstellungen, wie etwa in der »Just do it«-Kampagne von *Nike*. In der »Milk Mustache«-Kampagne der amerikanischen Milchindustrie werben Prominente, die gerade einen Schluck Milch getrunken und nun einen Milchbart haben, für das Milchtrinken. Der Versicherungskonzern *Prudential* möchte den Menschen »ein Stück Fels« bieten. Solche Kampagnen sprechen die Verbraucher auf emotionaler, nicht rationaler Ebene an.

Bei der Suche nach Botschaften, mit denen sie die Gefühle ansprechen können, wenden sich die Unternehmen auch an Anthropologen und Psychologen. Von diesen stammt die Methode, das Image eines Produkts an einem Archetypus, der im kollektiven Unbewussten vorhanden ist, zu orientieren – am Helden oder Antihelden, an der Sirene, am weisen alten Mann oder an anderen.

Sie können schnell herausfinden, welches Image Ihr Unternehmen bei Kunden und Nichtkunden besitzt. Eine Marktforschungsfirma würde fragen: »Welches Menschenalter könnte man dem Unternehmen zuordnen?« (Im Fall von *Apple Computer* würde die Antwort lauten: »Das Alter eines Teenagers« und im Fall von *IBM*: »Das Alter eines Großvaters«.) Oder es könnte fragen: »An welches Tier erinnert Sie dieses Unternehmen?« (Hoffen Sie auf einen Löwen oder einen Affen, nicht einen Elefanten oder Dinosaurier.)

Immaterielle Vermögenswerte

Die moderne Bilanz ist eine Lüge! Sie verbirgt den wahren Zustand eines Unternehmens, weil sie die meisten wichtigen Vermögenswerte gar nicht ausweist. Bis zu 80 Prozent des Unternehmenswerts können in seinem immateriellen Vermögen stecken und dennoch erscheint dieses nicht in den Büchern. Aber aus den Produktionsanlagen, Maschinen, Vorräten und dem Betriebskapital eines Unternehmens geht sein wahrer Wert nicht hervor.

Wo findet man etwa den *Markenwert* von *Coca-Cola* in der Unternehmensbilanz? Er wird immerhin auf 70 Milliarden Dollar geschätzt. Wo findet man den *Wert der Kundenbasis,* also derjenigen Kunden, die von enormer Bedeutung sind, weil sie zufrieden sind und der Marke treu bleiben? Wo findet man den *Wert der Mitarbeiter?* Wer bessere Mitarbeiter als die Konkurrenz beschäftigt, verfügt über den entscheidenden Vorsprung, der den Ausschlag zu mehr Erfolg geben kann. Wo findet man den *Wert der Unternehmenspartner?* Loyale Lieferanten und Händler können ein Unternehmen zum Erfolg führen, unloyale können ihm das Genick brechen. Wo findet man das *Wissen* und das *geistige Eigentum?* Patente, Urheberrechte, Marken und Lizenzen stellen für manche Unternehmen die wichtigsten Werte überhaupt dar. Kein Wunder, dass zwischen dem Marktwert und dem Buchwert oft eine riesige Lücke klafft. Diese Lücke reflektiert das immaterielle Vermögen eines Unternehmens. So betrug der Buchwert von *AmericaOnline* im Jahr 1999 nur 3,3 Prozent des Marktwerts. Folglich wurden 97 Prozent des Werts von *AOL* gar nicht im Rechnungswesen des Konzerns ausgewiesen.

Unternehmen wären gut beraten, wenn sie anfingen, alle durch ihr Marketing geschaffenen Werte zu identifizieren und zu bewerten. Das können Marken, Kunden-, Mitarbeiter-, Händler- und Lieferantenbeziehungen sowie geistige Eigentumsrechte sein. Auf der Basis einer solchen Beurteilung sollten sie dann solche Marketingaktivitäten bevorzugen, mit denen sie die Werthaltigkeit der betreffenden Größen steigern können.

Sollte Ihr Unternehmen in Anbetracht dieser Fakten überhaupt noch Sachanlagen besitzen? Denn diese können auch zur Last werden. Letztlich kommt es darauf an, Zugang zu Sachanlagegütern zu haben. Ein schlankes Unternehmen muss vielleicht auch den Weg der Dekapitalisierung gehen und Aktivitäten auslagern und das Betriebskapital senken. Die *Sara Lee Corporation* etwa legt mehr Wert darauf, Marken *(Champion, Coach, Hanes, Playtex, Hillshire Farm* und andere) als Fabriken zu besitzen.

Innovationen

Die Unternehmen stehen heute vor einem Dilemma. Wenn sie nichts Neues schaffen, gehen sie unter. Aber wenn sie Neues schaffen und ihre Innovationen nicht erfolgreich sind, gehen sie ebenfalls unter. Bedenkt man, dass nur 20 Prozent der Produkteinführungen im Konsumartikelbereich und nur etwa 40 Prozent der neuen Produkte im Business-to-Business-Sektor erfolgreich sind, dann sieht die Lage wirklich sehr abschreckend aus.

Dennoch ist es immer noch sicherer, Neues zu schaffen als stillzustehen. Das Geheimnis besteht darin, Innovationen besser als die Konkurrenten zu handhaben. Innovation und Vorstellungskraft müssen zu einer *Fähigkeit* des Unternehmens gemacht werden. Wie das funktioniert, haben *3M, Sony, Casio, Lexus, Braun* und *Honda* schon vorgemacht. Diese Unternehmen sind für ihren Strom neuer Produkte bekannt, weil sie die Produktentwicklung als ständigen und interaktiven Prozess betreiben: Herstellung, Vertrieb und Kunden arbeiten gemeinsam daran, Produkte zu entwickeln, anzupassen und zu verbessern.[16]

Die einzelnen Bestandteile des Innovationsprozesses müssen sorgfältig betreut werden. Dazu zählen *Ideenentwicklung, Ideenscreening, Konzeptentwicklung und -prüfung, Geschäftsanalyse, Prototypentwicklung und -prüfung, Testmarketing* und *Kommerzialisierung.* Das Unternehmen muss die für die einzelnen Prozesse erforderlichen Kompetenzen aufbauen oder erwerben.

Gary Hamel meint, dass die Innovation eine *strategische Fähigkeit* sein könne, vergleichbar etwa mit der Qualitätsorientierung.[17] Innovationsfähigkeit lässt sich aber nicht durch eine zweitägige Brainstorming-Sitzung erreichen. Zum Erfolg gehört es, drei Märkte im Unternehmen zu entwickeln: einen *Ideenmarkt*, einen *Kapitalmarkt* und einen *Talentmarkt*. Das Unternehmen muss die Mitarbeiter zu neuen Ideen ermutigen und sie dafür belohnen, es muss Geld für Investitionen in die vielversprechendsten Ideen bereitstellen, und schließlich muss es die Talente anziehen, die in der Lage sind, die Ideen umzusetzen. Wer etwas zu den Ideen, zum Kapital und zu den Talenten beigesteuert hat, sollte dafür belohnt werden.

Innovationen sind nicht auf neue Produkte oder Dienstleistungen beschränkt, sondern erstrecken sich auch auf neue Geschäftsfelder und Geschäftsprozesse. *Nestlé* verkauft Kaffee in Lebensmittelgeschäften, aber erst *Starbucks* fand eine völlig neue Methode, um Kaffee im Einzelhandel zu vertreiben. *Barnes & Noble* erfand ein neues Konzept für den stationären Buchhandel, *Amazon* führte ein brillantes System für den Online-Verkauf von Büchern ein. Auch folgende Unternehmen führten wichtige Geschäftsinnovationen ein: *Club Med, CNN, Dell Computer, Disney, Domino's Pizza, Federal Express, IKEA, McDonald's, Swatch, Wal-Mart*.

Ein Unternehmen muss sowohl ständige Verbesserungen verfolgen wie auch sprunghafte Innovationen vollbringen. Ständige Verbesserungen sind wichtig, aber sprunghafte Innovationen nützen noch mehr. Eine sprunghafte Innovation verschafft einem Unternehmen einen größeren nachhaltigen Wettbewerbsvorteil, wenngleich zu weit höheren Kosten und Risiken. Die Risiken sind auf mehrere Fakten zurückzuführen: Die Technologie entwickelt sich weiter, es gibt konkurrierende Technologien, der Markt ist unzureichend abgegrenzt, es gibt keine Infrastruktur und das richtige Timing ist schwierig. Außerdem bringt die Marktforschung manchmal keine brauchbaren Erkenntnisse. Eine sprunghafte Innovation beeinträchtigt den Ertrag kurzfristig, und man kann nicht abschätzen, ob sie ihn langfristig tatsächlich steigert. Der konventionelle Produktentwicklungsprozess funktioniert gut, wenn es sich um ständige Verbesserungen handelt, nicht aber bei sprunghaften Innovationen.

Woher sollen die Unternehmen nun neue Produktideen beziehen? Für gewöhnlich lautet die Antwort der Marketingexperten, dass man die Kunden nach ihren Bedürfnissen fragen sollte. Richtig angewandt, kann diese Methode nützliche Ideen hervorbringen, aber es wird sich eher um schrittweise als bahnbrechende Neuerungen handeln. Schließlich hat kein Verbraucher einen *PC, Palm, Walkman, Handy* oder *Camcorder* gefordert. Akio Morita, der verstorbene CEO von *Sony*, sagte: »Die Marktforschung war überflüssig. Die Verbraucher kennen die Möglichkeiten ja gar nicht. Wir aber sehr wohl.«[18]

Ideen können von überall her stammen, nicht nur von Kunden oder aus der Marktforschung. Jedes Unternehmen ist eine potenzielle Brutstätte von Ideen, es sei denn, Vorschläge werden im Keim erstickt oder es fehlt ein Auffangbecken dafür. Was spricht dagegen, einen *Ideenmanager* zu ernennen, dem die Verkäufer, Distributoren, Lieferanten und Mitarbeiter ihre Ideen schicken können? Der Ideenmanager wiederum lässt die Vorschläge in einem Ausschuss bewerten und belohnt die Mitarbeiter, deren Ideen schließlich umgesetzt werden. Die *Dana Corporation* erwartet etwa, dass jeder Mitarbeiter monatlich mindestens zwei Ideen in die Vorschlagsbox wirft, die sich auf Verbesserungen in Bereichen wie Verkauf, Einkauf, Energienutzung oder Geschäftsreisen beziehen.

Unternehmen, die moderate Verbesserungen verlangen, erreichen ihr Ziel in der Regel. Der Trick besteht aber darin, an die Grenzen zu gehen. Verlangen Sie 50 Prozent Kostensenkung und nicht 10 Prozent. Verlangen Sie eine 10fache Steigerung der Produktivität und nicht eine Steigerung um 10 Prozent. Damit zwingen Sie jeden Mitarbeiter, die Abläufe von Grund auf zu überprüfen, zu überarbeiten, und zu optimieren.

Jedes Unternehmen sollte seinen *Innovationsindex* prüfen: Das ist der Anteil des Umsatzes, der mit Produkten erzielt wird, die weniger als drei Jahre alt sind. Bei einem Innovationsindex von null ist der Untergang gewiss. Ein gewöhnliches Unternehmen wird es schwer haben, wenn der Innovationsindex nicht mindestens bei 20 Prozent liegt. Topmodische Bekleidungsgeschäfte brauchen einen Innovationsindex von mindestens 100 Prozent, um Erfolg zu haben. Die Botschaft lautet: *Innovation* oder *Untergang*.

Internationales Marketing

Ein Unternehmen, das nur auf seinen Inlandsmärkten präsent ist, wird diese über kurz oder lang verlieren. Starke Wettbewerber aus dem Ausland werden sich nicht zweimal bitten lassen, sondern den Konkurrenzkampf aufnehmen. Im Marketing gibt es heute praktisch keine Grenzen mehr.

Zu den besten Wachstumsstrategien eines Unternehmens zählt es, internationale Märkte zu erschließen. Aber die meisten Firmen haben große Vorbehalte gegen das *Abenteuer Ausland*. Sie sehen Hindernisse in Zollbestimmungen, fremden Sprachen, kulturellen Unterschieden, Abwertungs- und Währungsrisiken oder befürchteten Bestechungsgeldern.

Andererseits winken auch Vorteile. Wenn Unternehmen Auslandsmärkte erschließen, diversifizieren sie eigentlich ihre Risiken, weil sie nicht vom Markt eines einzigen Landes abhängig sind. Möglicherweise ist der Markt für ihre Produkte und Dienstleistungen im Inland bald gesättigt, während im Ausland noch Wachstumspotenziale schlummern. Außerdem gibt die Konkurrenz mit neuen Wettbewerbern oft auch neue Impulse zur Produktverbesserung.

Man muss jedoch berücksichtigen, dass Produkte und der Marketingmix oft angepasst werden müssen, bevor sie auslandstauglich sind. *Asea Brown Boveri (ABB)* wirbt mit dem Slogan: »Wir sind ein globales Unternehmen, das überall lokal ist.« Der niederländische Lebensmittelkonzern *Royal Ahold* vertritt die Philosophie: »Alles, was der Kunde zu sehen bekommt, wird lokal angepasst. Was für ihn nicht sichtbar ist, wird global vereinheitlicht.«

Bei der Namensgebung für neue Produkte muss unbedingt darauf geachtet werden, dass der Name international verwendet werden kann. *Chevrolet* nannte ein neues Modell Nova, ohne zu wissen, dass »no va« in Spanisch »geht nicht« bedeutet.

Die Globalisierung eines Unternehmens verläuft in der Regel in fünf Stadien: passiver Export, aktiver Export durch Händler, Eröffnung von Vertriebsniederlassungen im Ausland, Errichtung von Produktionsstätten im Ausland und schließlich Gründung nationaler Zentralen im Ausland.

Zu Beginn ihrer internationalen Expansionsbemühungen nehmen es die Unternehmen mit den Kontrollmechanismen oft nicht so genau, sondern geben ihren Niederlassungsleitern im Ausland einen Vertrauensvorschuss. Später führen sie dann strategische Kontrollinstrumente ein, um die globalen Planungs- und Entscheidungsprozesse zu vereinheitlichen.

Besonderes Augenmerk muss der Auswahl der ausländischen Vertriebspartner gewidmet werden. Unternehmen müssen die Anforderungen an sie klar definieren und sich über die entsprechenden gesetzlichen Vorschriften informieren. Sie müssen angemessene Anreize bieten, damit sie den Markt so schnell wie möglich erschließen.

Unternehmen sind dann am erfolgreichsten, wenn sie einen großen Markt finden, der von den vorhandenen Anbietern nicht bedient wird. Sie haben dann die Chance, neue Werte anzubieten, die schwierig zu kopieren sind, und eine starke Unternehmenskultur aufzubauen.

Unternehmen, die Märkte in Entwicklungsländern erobern wollen, sollten neue Vorteile anbieten oder ihre Produkte zu einem niedrigeren Preis als auf den Heimatmärkten einführen. Sie dürfen jedenfalls nicht den Fehler machen, das heimische Angebot einfach ins Ausland zu übertragen. Wichtig ist es auch, sich über die Haftungsrisiken bei einer unsachgemäßen Verwendung ihrer Produkte zu informieren, die beispielsweise auf eine schlechte Ausbildung der Vertriebspartner zurückgeht, sowie über Möglichkeiten der Fälschung und Markenpiraterie.

Sobald ein Unternehmen regionale Manager einsetzen möchte, ergeben sich zwei Fragen. Die erste Frage lautet, ob das regionale Management in der Konzernzentrale oder in der Region anzusiedeln ist. Die zweite lautet, ob regionale Manager die Interessen der Zentrale oder diejenigen der Niederlassungen in den einzelnen Ländern vertreten sollen. Die Beantwortung dieser Fragen wird sich entscheidend auf die Ausrichtung der neuen Einheit auswirken.

Auch wenn ein Unternehmen den regionalen Niederlassungen ein hohes Maß an Autonomie einräumt, ist damit ein ausreichendes Maß an Koordination nicht ausgeschlossen. Die Systeme zum Informationsaustausch und die Unternehmensrichtlinien und -vorschriften müssen entsprechend abgestimmt und die regionalen Linienmanager und die Produktmanager der Zentrale eingestimmt werden.

Die einzelnen regionalen Niederlassungen haben nicht alle denselben Stellenwert. Für gewöhnlich verfügt ein Niederlassungsleiter in einem Land mit größeren Märkten über mehr Automonie und Einfluss. Diese Märkte werden häufig als Kompetenzzentren für die Forschung und Entwicklung (F&E) und die Einführung neuer Produkte ausgewählt. Sie beeinflussen die Märkte in den kleineren Nachbarländern oft maßgeblich.

Multinationale Unternehmen müssen schwierige Entscheidungen darüber treffen, auf welche Produkte sie sich in einzelnen Ländern konzentrieren sollen. Die Auswahl der Produkte und die Bemessung der Werbeetats für die verschiedenen Länder muss von den Verbrauchervorlieben und der Kaufkraft, der Stärke des Vertriebs, der Konkurrenzsituation sowie von der voraussichtlichen Wirtschaftsentwicklung in jedem Land abhängig gemacht werden.

Sehr effiziente exportorientierte Unternehmen haben gute Chancen, neue Marktanteile in anderen Ländern zu erobern. Damit rufen sie oft Widerstand hervor, etwa in Form von hohen Zöllen und Dumping-Preisen. Letztlich sind diese Exporteure gut beraten, ihre Aktivitäten in Länder zu verlagern, in denen ein fairer Konkurrenzkampf möglich ist.

Ein multinationales Unternehmen, das sich aus krisengeschüttelten Ländern zurückzieht, muss sich letztlich überall zurückziehen. Es sollte vielmehr überlegen, wie es seine Präsenz in einem solchen Land ausbauen könnte.

Global operierende Unternehmen müssen heute wieder lernen, sinnvolle Tauschgeschäfte zu betreiben. Gerade arme Länder haben nur diese Möglichkeit, wenn sie am Handel teilnehmen wollen. Für ein globales Unternehmen können Tauschgeschäfte die einzige

Chance sein, in manchen Ländern überhaupt Fuß zu fassen. *Pepsi-Cola* musste als Gegenleistung für den Zutritt zum russischen Markt versprechen, den Absatz von russischem Wodka im Ausland zu fördern. Wenn Unternehmen im Ausland scheitern, sind meist folgende Gründe mit im Spiel:

- Sie nehmen sich nicht genug Zeit, um den neuen Markt zu beobachten, ihn kennen zu lernen und die nötigen Schlussfolgerungen zu ziehen.
- Es gibt keine zuverlässigen statistischen Informationen über den neuen Markt.
- Sie versäumen es, die Zielkunden zu definieren.
- Sie passen das Produkt und/oder den Marketingmix nicht an den Markt an.
- Sie bieten keinen angemessenen Service.
- Sie finden keine geeigneten strategischen Partner.

Internet und E-Business

Das Internet eröffnet völlig neue Möglichkeiten, um Geschäfte effizienter zu betreiben. Denken Sie nur einmal darüber nach, was heute selbstverständlich ist, früher aber undenkbar oder nur unter großem Aufwand möglich gewesen wäre:

- Sie können 24 Stunden am Tag und 7 Tage in der Woche im Internet beliebig viele Informationen über Ihr Unternehmen und Ihre Produkte anzeigen – und letztere verkaufen.
- Sie können effektiver einkaufen, weil Sie im Internet mehr Lieferanten finden, Ihre Aufträge online ausschreiben, auf Börsen und Marktplätzen einkaufen und auf Online-Auktionen und Gebrauchtmärkten auf Schnäppchenjagd gehen können.
- Sie können schneller und kostengünstiger Aufträge platzieren,

Transaktionen vornehmen und Zahlungen an Lieferanten und Händler veranlassen, indem Sie ein Extranet für Ihre Partner einrichten.

- Sie können eine effektivere Personalauswahl betreiben, indem Sie auf Online-Angebote und E-Mail-Interviews zurückgreifen.
- Sie können Mitarbeitern und Vertriebspartnern über das Internet bessere Informationen und Schulungen bieten.
- Sie können ein Intranet einrichten, um die Kommunikation unter den Mitarbeitern, aber auch zwischen den Mitarbeitern und der Zentrale und Ihrem Großrechner zu erleichtern. Das Intranet kann einen Newsletter, Personalinformationen, Produktinformationen, E-Learning-Module und einen Unternehmenskalender mit relevanten Terminen anbieten.
- Sie können die Werbung für Ihre Produkte auf einen viel größeren geografischen Bereich ausdehnen.
- Sie können mit weniger Aufwand mehr Informationen über Märkte, Kunden, Interessenten und Konkurrenten gewinnen, indem Sie sich die Informationsfülle im Internet zunutze machen und Fokusgruppen im Internet bilden und Online-Umfragen durchführen.
- Sie können ausgewählten Kunden oder solchen, die sich mit einer Anfrage an Sie gewandt haben, Werbematerial, Coupons, Proben und Informationen zuschicken.
- Sie können Angebote, Dienstleistungen und Botschaften individuell an einzelne Kunden anpassen.
- Sie können Ihre Logistik und Abläufe mithilfe des Internet wesentlich verbessern.

Das Internet liefert eine hervorragende neue Plattform für die Kommunikation, den Einkauf und den Verkauf. Die Vorteile werden im Lauf der Zeit noch deutlich zunehmen. Namhafte Konzernlenker sind sich der Potenziale bewusst:

- Jack Welch von *General Electric* hat seine Mitarbeiter aufgefordert, es nicht bei der Einrichtung einer Website zu belassen: »Seien Sie offen für das Internet. Bringen Sie mir Ihre Pläne für neue Geschäftsideen, aber glauben Sie nicht, dass es mit einer neuen Internet-Site getan wäre.«

- John Chambers, CEO von *Cisco*, möchte das gesamte Geschäft von Cisco »webifizieren«: »Jede Interaktion eines Cisco-Mitarbeiters mit einem Kunden, die keinen Zusatzwert schafft, sollte durch eine Internetfunktion ersetzt werden.«
- Bill Gates, Chairman von *Microsoft*, betrachtet das Internet als unverzichtbar für alle Unternehmen: »Das Internet ist nicht nur ein weiterer Vertriebskanal. Für die Unternehmen der Zukunft wird es die Funktion eines digitalen Nervensystems haben.«

Unternehmen, die sich den Chancen des Internet frühzeitig öffneten, konnten ihre Kosten weit deutlicher senken als ihre Konkurrenten, die lange zögerten:

- *Dell* verkauft auf Kundenbestellungen angefertigte Computer über das Telefon und Internet und hat sich damit eine weit günstigere Kostenstruktur gesichert als *HP/Compaq*, *IBM* und *Apple*. Dell wuchs doppelt so schnell wie der Rest der Branche und ist heute der führende PC-Händler in den Vereinigten Staaten.
- *General Electric* konnte nach eigenen Angaben Hunderte Millionen Dollar im Einkauf sparen, seit es die Beschaffung über das *Trading Process Network* im Internet abwickelt.
- *Oracle* behauptete in einer Werbekampagne, dass es über eine Milliarde Dollar einsparte, nachdem es zahlreiche Geschäftsabläufe ins Internet verlagerte.

Obwohl das Internet vielfältige Vorteile in den unterschiedlichsten Bereichen bietet, zog der E-Commerce und nicht die anderen Anwendungen das meiste öffentliche Interesse auf sich. Mit dem elektronischen Handel kann man das Internet in einen Verkaufskanal verwandeln. Zunächst verkauften die neu gegründeten Internethändler

Bücher, Musik, Spielzeug, Elektronikartikel, Aktien, Versicherungen und Flugtickets. Bald kamen Möbel, Großgeräte, Homebanking, Lebensmittel, Beratungsleistungen und alle nur denkbaren Angebote dazu. Die neuen Dotcom-Firmen flößten den Betreibern der stationären Geschäfte nicht wenig Angst ein. Würde die leichte Verfügbarkeit der Online-Produkte dem traditionellen Einzelhandel den Todesstoß versetzen?

Kluge Einzelhändler wie *Barnes & Noble*, *Wal-Mart* und *Levi's* wollten der Entwicklung nicht tatenlos zusehen und richteten separate Vertriebskanäle im Internet ein. Anstatt sich mit der »Brick and Mortar«-Strategie weiterhin auf den stationären Handel zu beschränken, fuhren sie zweigleisig und versuchten es mit der »Brick and Click«-Strategie.

Ende der neunziger Jahre kam das Aus für viele Dotcoms, die oft einen großen Fehler gemacht hatten: Sie hielten es für wichtiger, die Aufmerksamkeit der Verbraucher auf sich zu ziehen als schwarze Zahlen zu schreiben. Ein Dotcom-Gründer erklärte seinem Wagniskapitalgeber: »Einnahmen sind eine Ablenkung, die ich mir nicht leisten kann.« Diesen Start-Ups fehlte nicht nur eine E-Business-Strategie, sondern überhaupt eine Geschäftsstrategie.

Kein Wunder, dass sich vielversprechende Dotcoms in Dotbombs verwandelten. Als die Dotcom-Blase platzte, ging ein Seufzer der Erleichterung durch die Reihen der traditionellen Geschäftsbetreiber. Aber wer clever war, ignorierte die Möglichkeiten des Internet nicht mehr, sondern schuf eine eigene Online-Präsenz.

Heute benötigt jedes Unternehmen eine Website, an der sich sein Qualitätsanspruch ablesen lässt. Aber Achtung: Vertrauen Sie die Entwicklung Ihrer Website keinem Technikfreak an, der sein ganzes Können unter Beweis stellen will. Die Internetsurfer sind nicht gewillt, lange Ladezeiten für schöne Bilder in Kauf zu nehmen. Sie wollen Informationen, keine Show. Sie wollen einen schnellen Bildaufbau, eine übersichtliche Startseite, eine leichten Wechsel auf andere Seiten, klare Informationen, ein leichtes Bestellverfahren und keinesfalls aufdringliche Werbung.

Kommunikation und Verkaufsförderung

Zu den wichtigsten Aufgaben im Marketing gehören die Kommunikation und Verkaufsförderung. Der umfassendere Begriff ist die *Kommunikation*, die unabhängig davon stattfindet, ob sie geplant ist oder nicht. Kommunikation findet über die Kleidung eines Verkäufers, über den Katalogpreis und über die Büroeinrichtung statt. All diese Faktoren schaffen bestimmte Eindrücke.

Dies erklärt das wachsende Interesse am Konzept der *integrierten Marketingkommunikation*. Unternehmen müssen ein schlüssiges Gesamtbild aus allen Eindrücken herstellen, die ihre Kunden von ihrem Personal, ihren Einrichtungen und Handlungen gewinnen und die das Markenversprechen gegenüber den verschiedenen Zielgruppen erfüllen sollen.

Die *Verkaufsförderung* ist ein Bestandteil der Kommunikation. Sie besteht aus Unternehmensbotschaften, mit denen die Bekanntheit der verschiedenen Produkte und Dienste, das Interesse an ihnen und die Kaufbereitschaft gesteigert werden sollen.

Unternehmen setzen Werbung und Absatzförderung, Verkäufer und Public Relations dazu ein, Botschaften zu verbreiten, mit denen die Aufmerksamkeit und das Interesse der Zielgruppen geweckt werden sollen.

Die Verkaufsförderung funktioniert nur dann, wenn es ihr gelingt, Aufmerksamkeit zu wecken. Aber heute bricht täglich eine Flut von gedruckten, gesendeten und elektronischen Informationen über uns herein. Es gibt zwei Milliarden Webseiten, 18.000 Zeitschriften und 60.000 Buchneuerscheinungen pro Jahr. Als Reaktion darauf haben wir Formen des reflexartigen Umgangs mit der Informationsflut entwickelt: Wir werfen die meisten Kataloge und Direktwerbesendungen ungeöffnet in den Mülleimer, löschen unerwünschte und ungelesene E-Mail-Botschaften und unterbrechen Telemarketingmitarbeiter, bevor sie uns ihre Werbebotschaft mitteilen können.

Thomas Davenport und John Beck weisen in *The Attention Economy* darauf hin, dass der Informationsschwall zu einem Aufmerksamkeitsdefizitsyndrom führt, das es sehr schwer macht, überhaupt noch Aufmerksamkeit zu bekommen.[19] Das Aufmerksamkeitsdefizit ist mittlerweile so ausgeprägt, dass Unternehmen heute oft mehr Geld für die Vermarktung als für die Herstellung eines Produkts ausgeben müssen. Dies trifft sicherlich für neue Parfümmarken und viele neue Filme zu. So gaben die Macher des Films *The Blair Witch Project* 350.000 Dollar für die Dreharbeiten, aber 11 Millionen für die Vermarktung aus.

Das führt dazu, dass die Marketingfachleute genau untersuchen müssen, wie die Verbraucher ihre Aufmerksamkeit verteilen. Sie müssen herausfinden, wie sie mehr Aufmerksamkeit vom Kunden bekommen können. Bislang haben sie dazu unterschiedliche Methoden entwickelt: Sie engagieren bekannte Filmstars und Sportler, gewinnen respektierte Vermittler, die dem Zielpublikum nahe stehen, präsentieren ergreifende oder in anderer Weise beeindruckende Geschichten, Aussagen oder Fragen, bieten Gratisartikel oder kleine Überraschungen an und vieles andere mehr. Aber selbst dann stellt sich noch die Frage der Effektivität. Es ist eine Sache, ein Produkt bekannt zu machen, eine andere, dauerhafte Aufmerksamkeit zu sichern, und noch einmal eine andere, den Verbraucher zum Kauf zu bewegen. Aufmerksamkeit zu wecken bedeutet letztlich nur, jemanden dazu zu bringen, sich etwas Zeit für eine Botschaft zu nehmen. Aber ob dies zum Kauf führt, steht auf einem ganz anderen Blatt.

Kreativität

Früher wurden Marketingschlachten durch bessere Effizienz oder Qualität gewonnen. Heute werden sie durch bessere Kreativität entschieden. Unternehmen setzen sich nicht durch, weil sie *Gleiches besser* machen, sondern weil sie *einmalig* sind. Erfolgreiche Unternehmen wie *IKEA, Harley Davidson* und *Southwest Airlines* sind einmalig.

Unternehmen, die unverwechselbar sein möchten, müssen eine Kultur aufbauen, in der Kreativität belohnt wird. Es gibt drei Methoden, um die Kreativität eines Unternehmens zu steigern:

1. Stellen Sie mehr Mitarbeiter mit angeborenen kreativen Begabungen ein und lassen Sie die Zügel locker.
2. Fördern Sie die Kreativität in Ihrem Unternehmen durch eine Vielzahl bewährter Methoden, die dafür zur Verfügung stehen.
3. Holen Sie Hilfe von außen. Wenden Sie sich etwa an *Brighthouse* in Atlanta, Faith Popcorn in New York oder Leo Burnett in Chicago, wenn Sie Hilfe bei der Entwicklung bahnbrechender Ideen benötigen.

Nachfolgend werden einige der wichtigsten Methoden vorgestellt, die innerhalb eines Unternehmens zur Förderung der Kreativität eingesetzt werden können.

Kreativitätstechniken

- *Modifikationsanalyse.* Hier überlegen Sie anhand einiger Produkte oder Dienstleistungen, wie Sie diese anpassen, verändern, vergrößern, verkleinern, ersetzen, umgestalten oder neu kombinieren könnten.
- *Auflistung der Merkmale.* Definieren Sie die Merkmale des Produkts und modifizieren Sie diese. Wenn Sie eine bessere Mausefalle bauen wollen, überlegen Sie, wie man den Köder, den Auslösungsmechanismus, die akustischen Signale bei der Auslösung, die Beseitigung der Beute oder auch Form, Material und Preis verbessern könnte.
- *Erzwungene Verwandtschaften.* Bei dieser Methode setzen Sie scheinbar nicht zueinander passende Elemente in Beziehung zueinander. Wenn Sie Büromöbel entwerfen, könnten Sie überlegen, ob Sie einen Tisch mit einem Regal oder Regale mit einem Ablagesystem kombinieren könnten.
- *Morphologische Analyse.* Hier ordnen Sie die verschiedenen Parame-

ter eines Problems in einem Koordinatensystem unterschiedlich an. Wenn Sie einen Gegenstand von Punkt A nach B bringen wollen, spielen die Art des Transportvehikels (Handwagen, Stuhl, Schlinge, Bett), das erforderliche Medium für das Vehikel (Luft, Wasser, Öl, Rollen, Schienen) und die Energiequelle (Druckluft, Motor, Dampf, magnetisches Feld, Kabel) eine Rolle.

- *Analyse der Produktprobleme.* Berücksichtigen Sie alle Probleme eines fraglichen Produkts. Kaugummi verliert etwa zu schnell seinen Geschmack, kann Karies verursachen und ist schwer zu entsorgen. Überlegen Sie Lösungsmöglichkeiten.

- *Entscheidungsbäume.* Definieren Sie die einzelnen Entscheidungen, die zu treffen sind. Wenn Sie Toilettenartikel entwickeln, denken Sie an die Nutzer (Männer oder Frauen), die Art des Artikels (Deodorant, Rasierprodukt, Eau de Cologne), die Form des Produkts (Stift, Flasche, Spray), den Markt (gewerblich, Geschenk) und den Vertriebskanal (Verkaufsautomaten, Händler, Hotelzimmer).

- *Brainstorming.* Trommeln Sie eine kleine Gruppe von Mitarbeitern zusammen und stellen Sie ihnen eine Aufgabe, etwa: »Überlegen Sie sich neue Produkte und Dienstleistungen, die Privathaushalte benötigen könnten.« Ermuntern Sie die Mitarbeiter, ihre Ideen möglichst unbefangen und ungefiltert zu äußern, sammeln Sie möglichst viele Vorschläge, probieren Sie neue Kombinationen aus und vermeiden Sie insbesondere zu Beginn der Brainstorming-Sitzung jede Kritik.

- *Synektik.* Stellen Sie zunächst ein ganz allgemeines Problem zur Diskussion, etwa wie man einen Gegenstand öffnen kann. Dann erst kommen Sie zum anstehenden konkreten Problem. Der Grundgedanke ist der, dass die Beschäftigung mit dem Allgemeinen neue Perspektiven eröffnen soll.

Wichtige Ideenlieferanten sind auch Zukunftsforscher wie Alvin Toffler, John Naisbet und Faith Popcorn, da sie stets den neuesten Trends auf der Spur sind. Faith Popcorn wurde berühmt für ihre schöpferischen Bezeichnungen neuer Trends. Beispiele sind *Anchoring* (Suche nach Halt und Sinn, etwa durch eine Religion oder Yoga), *Being Alive* (Gesund und lange leben, etwa durch Vegetarismus, Meditation), *Cashing Out* (Aussteigen), *Clanning* (Wunsch nach Gruppenzugehörigkeit), *Cocooning* (Leben im Kokon, indem man sich zu Hause einigelt), *Down-Aging* (länger jung bleiben), *Fantasy Adventure* (Suche nach Nervenkitzel), *99 Lives* (99 Leben auf einmal), *Pleasure Reven* (Genießen? Jetzt erst recht!), *Small Indulgences* (Kleine Genüsse) und *Vigilant Consumers* (Der wehrhafte Verbraucher). Als Beraterin kann sie Unternehmen erkennen helfen, inwieweit ihre Strategie auf die großen Trends abgestimmt ist und in welcher Hinsicht sie vielleicht völlig neben den Trends liegen.

Die besten Unternehmen richten *Ideenmärkte* ein. Sie fordern ihre Mitarbeiter, Lieferanten, Groß- und Einzelhändler zu Vorschlägen auf, wie sie Kosten sparen oder welche neuen Produkte, Merkmale und Dienstleistungen sie anbieten könnten. Sie gründen hochkarätig besetzte Ausschüsse, die die besten Ideen sammeln, bewerten und auswählen. Sie belohnen die Mitarbeiter mit den besten Ideen. Alex Osborn, Erfinder des Brainstorming, sagte: »Die Kreativität ist eine empfindliche Pflanze: Lob bringt sie zum Blühen, aber Entmutigung zum Welken.«

Es ist ein Jammer, dass der Höhepunkt der Kreativität im Alter von fünf Jahren erreicht wird und die Kinder sie schon in der Schule wieder verlieren. Die Betonung des kognitiven Lernens in der linken Gehirnhälfte trägt weiter dazu bei, dass die für die Kreativität zuständige rechte Gehirnhälfte nicht ausreichend gefördert wird.

Kunden

Wir leben heute in einer nachfrageorientierten Kundenwirtschaft. Der König Kunde wird umworben. Dies ist eine Folge der Überkapazitäten in der Produktion. Nicht die Waren, sondern die Kunden sind heute knapp.

Unternehmen müssen deshalb lernen, ihren Schwerpunkt von der *Produktherstellung* auf die *Kundenbetreuung* zu verlagern. Sie sollten schleunigst aufwachen und zur Kenntnis nehmen, dass sie einen neuen Chef haben – den Kunden. Wenn Ihre Mitarbeiter das Kundendenken nicht beherrschen, brauchen sie erst gar nicht zu denken. Wenn sie nicht direkt den Kunden bedienen, sollten Sie das schleunigst ändern. Denn wenn sich Ihre Mitarbeiter nicht um Ihre Kunden kümmern, wird es jemand anderes tun.

Unternehmen müssen die Kunden als Finanzanlage betrachten, die wie jeder andere Vermögenswert verwaltet und maximiert werden muss. Tom Peters betrachtet Kunden als »wertsteigerndes Vermögen«. Doch obwohl sie das wichtigste Kapital des Unternehmens sind, taucht ihr Wert in den Büchern nicht auf.

Wenn die Unternehmen die Bedeutung dieses Kapitals anerkennen, werden sie das hoffentlich zum Anlass nehmen, ihr gesamtes Marketingsystem umzugestalten. Entscheidend ist, dass sie ihr Produktportfolio und ihre Markenführungsstrategien auf das Ziel ausrichten, möglichst viele Geschäfte mit vorhandenen Kunden abzuschließen (»Customer Share«) und den langfristigen Wert der Kunden zu nutzen (»Customer Lifetime Value«).

Schon vor über 30 Jahren wies Peter Drucker auf die Bedeutung der Kundenorientierung hin und sagte, Zweck eines Unternehmens sei es, »eine Kundenbeziehung aufzubauen. Deshalb gibt es im Geschäftsleben zwei – und nur diese zwei – grundlegende Funktionen: Marketing und Innovation. Marketing und Innovation schaffen Erträge: Der Rest sind Kosten.«[20]

L.L. Bean, Spezialist für Outdoor-Bekleidung, praktiziert ein kundenorientiertes Credo: »Kunden sind unsere wichtigsten Besucher. Sie sind nicht von uns abhängig – wir sind von ihnen abhängig. Sie sind keine Außenstehenden – sie sind ein Teil von uns. Wir erweisen ihnen keinen Gefallen, wenn wir sie bedienen ... sie erweisen uns einen Gefallen, indem sie uns die Chance dazu geben.«

Produkte kommen und gehen. Die Aufgabe lautet, die Kunden über die Produktlebensdauer hinaus zu behalten. Das Unternehmen muss begreifen, dass der *Marktlebenszyklus* und der *Kundenlebenszyklus* wichtiger als der *Produktlebenszyklus* sind. Ein Manager bei *Ford* sagte einmal: »Wenn wir nicht kundenorientiert sind, können unsere Autos es auch nicht sein.«

Bedauerlicherweise bemühen sich Unternehmen viel stärker um die Neukundengewinnung als darum, Geschäfte mit den vorhandenen Kunden auszubauen. Unternehmen geben 70 Prozent ihres Marketingbudgets für die Kundenakquisition aus, erzielen aber 90 Prozent ihres Umsatzes mit vorhandenen Kunden. Dabei sind Neukunden in den ersten Jahren oft nur Verlustbringer. Hinzu kommt, dass die jährliche Kundenabwanderungsrate zwischen 10 und 30 Prozent beträgt, weil die Unternehmen ihre vorhandenen Kunden über ihren ganzen Akquisitionsbemühungen vernachlässigen. Aus der Kundenabwanderung ziehen sie fälschlicherweise den Schluss, noch mehr Geld in die Neukundengewinnung oder in die Rückgewinnung der Exkunden investieren zu müssen.

Die Priorität der Kundengewinnung und die damit einhergehende Vernachlässigung der Kundenbindung wirken sich in der Praxis unmittelbar aus. Unternehmen gestalten etwa ihre Vergütungssysteme so, dass die Verkäufer für die Neukundengewinnung, nicht aber für den Ausbau vorhandener Kundenbeziehungen belohnt werden. Die Verkäufer betrachten es dann zwangsläufig als Priorität, eine möglichst hohe Zahl von Neukunden vorzuweisen. Dabei handeln alle Beteiligten so, als blieben ihnen die vorhandenen Kunden erhalten, ohne ihnen besondere Aufmerksamkeit und einen besonderen Service zukommen zu lassen.

Welches Ziel sollte die Kundenpolitik bestimmen? Zum einen sollten Sie die Goldene Marketingregel befolgen: *Behandeln Sie Ihre Kunden so, wie Sie selbst als Kunde behandelt werden möchten.* Zum anderen sollten Sie sich bewusst machen, dass Ihr eigener Erfolg von Ihrer Fähigkeit abhängt, Ihren Kunden zum Erfolg zu verhelfen. Dank Ihnen sollte es Ihren Kunden besser gehen, in welcher Hinsicht auch immer. Lernen Sie ihre Bedürfnisse kennen und übertreffen Sie dann ihre Erwartungen. Jack Welch, ehemaliger CEO von *General Elec-*

tric, formulierte es so: »Die beste Methode zur dauerhaften Bindung der Kunden ist die, ständig zu überlegen, wie wir ihnen mehr Leistung für weniger Geld anbieten können.« Vergessen Sie nicht: Für die Kunden tritt die Werthaltigkeit des Angebots zunehmend in den Vordergrund, während die Bedeutung der Beziehung abnimmt.

Es reicht nicht aus, Ihre Kunden nur zufrieden zu stellen. Hohe Zufriedenheitsquoten dürfen Sie keinesfalls dazu verleiten, sich zurückzulehnen. Auch zufriedene Kunden können abwandern – sie wechseln zu Konkurrenten, die sie noch besser zufrieden stellen. Es gilt, Ihre Kunden zufriedener machen, als Ihre Konkurrenten es könnten.

Hervorragende Unternehmen schaffen sich begeisterte Kunden. Sie schaffen sich *Fans*. Denken Sie an das Beispiel von *Harley Davidson* und den Motorradfahrer, der sagte, er würde lieber auf das Rauchen und jedes andere Laster als auf seine *Harley* verzichten.

Auch Tom Monaghan, Milliardär und Gründer von *Domino's Pizza*, möchte aus seinen Kunden Fans machen. »Immer wenn ein neuer Kunde durch die Tür tritt, sehe ich 10.000 Dollar auf seiner Stirn eingebrannt.«

Woran erkennen Sie, dass Sie Ihre Kunden bestmöglich betreuen? Sie sehen es nicht nur an Ihrem Gewinn, sondern an der Entwicklung der Umsatzzahlen mit einzelnen Kunden und an der emotionalen Bindung der Kunden. Unternehmen, die in diesen beiden Bereiche ständige Zuwächse erzielen, steigern automatisch auch den Marktanteil und die Rendite.

Eine deutsche Bank betrieb zahlreiche Filialen in Deutschland. Jede Filiale wurde absichtlich klein und überschaubar gehalten. Die Filialleiter hatten eine einzige Vorgabe: Sie sollten den Kunden helfen, ihren Wohlstand zu mehren. Deshalb verbuchten sie nicht einfach Einlagen und vergaben Kredite, sondern sie zeigten ihren Kunden, wie sie die beste Sparstrategie finden, ihre Geldanlagen sinnvoll gestalten und günstige Darlehen finden konnten. Jede Filiale hielt Zeitschriften zum Thema bereit und bot kostenlose Anlageseminare an, um den Kunden zu mehr Wohlstand zu verhelfen.

Das Marketingdenken verlagert sich: Nicht der Gewinn aus jeder Transaktion, sondern der Gewinn aus jeder Beziehung soll maximiert werden. Die Zukunft des Marketing liegt im *Database-Marketing*, das es ermöglicht, genug Informationen über jeden Kunden zu erhalten, um ihm zum richtigen Zeitpunkt maßgeschneiderte Angebote unterbreiten zu können. Anstatt in jedem Menschen einen potenziellen Kunden zu sehen, müssen wir den Menschen in jedem Kunden sehen.

Es ist zwar wichtig, alle Kunden gut zu bedienen, aber das bedeutet nicht, dass alle Kunden gleich gut bedient werden müssen. Manche Kunden sind nun einmal wichtiger als andere. Teilen Sie Ihre Kunden in drei Gruppen ein: angenehme und lukrative Kunden, erträgliche Kunden und unerträgliche Kunden, die nur Ärger verursachen. Man könnte unter finanziellen Gesichtspunkten auch von Platin-, Gold-, Silber-, Eisen- und Blei-Kunden sprechen. Bieten Sie Ihren besseren Kunden mehr Vorteile, um sie länger zu behalten und den anderen Kunden einen Anreiz zu geben, ebenfalls aufgewertet zu werden.

Das Prinzip der unterschiedlichen Behandlung von Kunden wird von einer Bank illustriert, die einen Club betreibt, dem nur die kapitalkräftigen Kunden beitreten dürfen. Der Club hält vierteljährliche Treffen ab, bei denen es um gesellschaftliche Themen und Finanzinformationen geht. Finanzgurus, Entertainer und bekannte Persönlichkeiten halten Vorträge. Wer einmal Mitglied ist, überlegt es sich gründlich, ob er die Bank noch einmal wechselt, weil er dann seine Clubmitgliedschaft aufgeben müsste.

Die Kunden können auch in folgende Kategorien eingeteilt werden. Die erste Gruppe sind die *Most Profitable Customers (MPCs)*, die das höchste Maß an unmittelbarer Aufmerksamkeit verdienen. Die zweite Gruppe sind die *Most Growable Customers (MGCs)*, die aufgrund ihres weiteren Potenzials langfristig angelegte Aufmerksamkeit verdienen. Die dritte Gruppe schließlich sind die *Most Vulnerable Customers (MVCs)*, um die man sich frühzeitig kümmern muss, damit sie nicht abwandern.

Aber nicht alle Kunden sollten gehalten werden. Es gibt nämlich eine vierte Kategorie, die der *Most Troubling Customers (MTCs)*. Sie verursachen entweder zu hohe Kosten oder zu viel Ärger, um für das Unternehmen lohnenswert zu sein. Scheuen Sie sich deshalb nicht, Kunden zu »entlassen«. Aber geben Sie ihnen vorher noch eine Chance, sich zu ändern, entweder indem Sie Ihre Preise erhöhen oder indem Sie Ihren Service herunterschrauben. Wenn die Kunden dennoch bleiben, sind sie jetzt wenigstens rentabel. Wenn sie gehen, werden sie Ihre Konkurrenten zur Ader lassen.

Manche Kunden sind rentabel, aber anstrengend und anspruchsvoll. Gerade sie können ein wahrer Segen für ein Unternehmen sein. Wenn Sie herausfinden, wie Sie Ihre schwierigsten Kunden zufrieden stellen können, wird es ein Leichtes sein, auch den Rest zu begeistern.

Nehmen Sie Kundenbeschwerden grundsätzlich ernst. Unterschätzen Sie nie, wie sehr ein erboster Kunde Ihren Ruf schädigen kann. Ein guter Ruf ist schwer aufzubauen und leicht zu verlieren. *IBM* bezeichnet es nicht von ungefähr als Freude, Beschwerden entgegenzunehmen. Kunden, die sich beschweren, sind die besten Freunde eines Unternehmens. Beschwerden machen das Unternehmen auf Probleme aufmerksam, die wahrscheinlich schon Kunden gekostet haben und nun hoffentlich noch behoben werden können.

Kundenbedürfnisse

Der ursprüngliche und gebetsmühlenartig wiederholte Auftrag des Marketing lautete einmal: »Bedürfnisse aufdecken und erfüllen.« Unternehmen decken Bedürfnisse auf, indem sie ihre Kunden befragen, ihnen zuhören und dann die entsprechende Lösung bereitstellen. Leider gibt es heute kaum noch Bedürfnisse, die noch nicht aufgedeckt oder erfüllt wären. Der italienische Marketingberater Pietro Guido wies in seinem Buch *The No-Need Society* auf dieses Problem hin.

Aber man muss sich mit der »No-Need Society« nicht abfinden. Die Lösung heißt, neue Bedürfnisse zu schaffen. Akio Morita von

Sony schrieb in seinem Buch *Made in Japan*: »Wir bedienen keine Märkte. Wir schaffen Märkte.« Die Verbraucher verlangten Videorekorder, Videokameras, Faxgeräte oder *Palm*-PCs erst, als sie auf dem Markt waren.

Natürlich entwickeln sich neue Bedürfnisse, auch wenn die alten schon befriedigt sind. Auslöser dafür können beispielsweise besondere *Ereignisse* sein. Die Tragödie des 11. September 2001 schuf einen neuen Bedarf nach mehr Luftsicherheit, mehr Lebensmittelvorräten und anderen Transportmöglichkeiten, und das Land reagierte schnell mit neuen Sicherheitsmaßnahmen. Auch *Trends* können neue Bedürfnisse schaffen, wie das Interesse am »Down-Aging«: Immer mehr Menschen werden älter und möchten sich dabei jünger fühlen und jünger aussehen. Sie kaufen einen Sportwagen, unterziehen sich einer Schönheitsoperation und trimmen sich an Fitnessgeräten. Man kann also zwischen vorhandenen und latenten Bedürfnissen unterscheiden. Kluge Marketingfachleute ahnen das nächste Bedürfnis voraus und kümmern sich nicht nur um die heutigen Bedürfnisse.

Manchmal kommt ein Bedürfnis nicht ans Tageslicht, weil die Unternehmen eine zu eingeschränkte Sichtweise ihrer Kunden haben. Bestimmte Dogmen gelten als in Stein gemeißelt, etwa das Dogma der Kosmetikindustrie, Frauen verwendeten Kosmetika hauptsächlich dazu, um für Männer attraktiver zu sein. Dann kam Anita Roddick und gründete *The Body Shop* in der Annahme, dass viele Frauen Produkte wünschten, die ihre Haut optimal pflegen. Sie bot ihnen sogar einen weiteren Wert an, nämlich gesellschaftliches Verantwortungsbewusstsein. Viele Frauen halten soziale Fragen für wichtig und bevorzugen ein Unternehmen, das solche Anliegen berücksichtigt.[21]

Greg Carpenter und Kent Nakamoto haben eine zentrale Annahme der Marketingexperten in Frage gestellt, nämlich die, dass die Käufer von Anfang an wüssten, was sie wollen.[22] In Wahrheit durchlaufen sie einen Prozess, in dessen Verlauf sie erst herausfinden, was sie wollen. In diesen Prozess können die Unternehmen natürlich entscheidend eingreifen. Verschiedene Markenanbieter statten ihre Computer, Kameras und Handys mit neuen Merkmalen aus, die die Käufer

weder kennen noch verlangt haben. Während sie die Verbraucher
über diese neuen Möglichkeiten informieren, gewinnen diese eine bessere Vorstellung davon, was sie tatsächlich wollen. Unternehmen, die
ihre Kunden auf diese Weise beeinflussen, werden nicht nur von den
Märkten angetrieben (durch die Kundenbedürfnisse), sondern sie treiben selbst die Märkte an (durch Innovationen). In diesem Sinn stellt
der Wettbewerb weniger einen Wettlauf um die Erfüllung der Kundenbedürfnisse als um die Definition dieser Bedürfnisse dar.

Wenn Unternehmen, die mit ihren Angeboten frühzeitig auf den
Markt gehen (wie *Xerox* oder *Palm*), häufig mit der Marktführung
belohnt werden, liegt das daran, dass sie mit den neuen Produktmerkmalen Wünsche definieren, die bislang nur mangelhaft benannt waren. Die Verbraucher betrachten die Merkmale als entscheidend für
die jeweilige Kategorie. Alle nachfolgenden Konkurrenten haben das
Problem, dass dieselben Merkmale schon als Selbstverständlichkeit
erwartet werden und sie deshalb wieder mit neuen auftrumpfen müssten.

Kundenorientierung

Wie bewegen Sie Ihre Mitarbeiter dazu, sich mit Haut und Haaren
den Kunden zuzuwenden? Jan Carlzon, der frühere Chef der *Scandi-
navian Airlines System (SAS)*, beschrieb in seinem Buch *Moments of
Truth*, wie er seine ganze Belegschaft dazu motivierte, sich auf den
Kunden zu konzentrieren.[23] Er machte ihnen immer wieder klar, dass
die SAS jährlich fünf Millionen Kunden hatte und jeder Kunde auf
einer einzigen Reise mit etwa fünf Mitarbeitern in Berührung kam.
Daraus ergaben sich 25 Millionen *Momente der Wahrheit,* in denen
den Kunden eine positive Markenerfahrung ermöglicht wurde, ob
persönlich, am Telefon oder per Post. Carlzon ging aber noch weiter:
Er änderte den Aufbau, die Systeme und die Technologie des Unternehmens, damit die Mitarbeiter in größtmöglicher Eigenständigkeit

alle notwendigen Schritte ergreifen konnten, um die Kunden zufrieden zu stellen.

Heute müssen Unternehmensführer ihren Mitarbeitern auch erklären, wie sie selbst und das Unternehmen unter finanziellen Gesichtspunkten profitieren, wenn sich jeder darauf konzentriert, den Kunden den bestmöglichen Wert zu liefern. Unter solchen Umständen geben die Kunden mehr Geld aus, während sie weniger Kosten verursachen. Davon profitieren alle Seiten, natürlich auch ganz besonders diejenigen Mitarbeiter, die sich in außergewöhnlichem Maß um den Kundenservice verdient gemacht haben.

Am Anfang steht die Einstellung der geeigneten Mitarbeiter. Achten Sie auf Kandidaten, die nicht nur die richtigen Fähigkeiten, sondern auch die richtige Einstellung mitbringen. Ich wunderte mich lange Zeit darüber, dass die meisten Menschen für die Strecke von Chicago nach Florida die *Delta Air Lines* wählten, obwohl die *Eastern Airlines* die Strecke genauso oft bediente – bis ich den Unterschied herausfand: Die *Delta* stellt die Flugbesatzungen im Süden der USA ein, wo die Menschen viel freundlicher sind, während die *Eastern* sie in New York City rekrutierte.

Zu Beginn ihrer Tätigkeit brauchen Ihre Mitarbeiter ein gutes Training. *Disney* schleust sämtliche neuen Mitarbeiter durch eine einwöchige Schulung, um ihnen zu vermitteln, mit welchen Erfahrungen ein *Disneyland*-Besucher nach Hause gehen sollte. Die richtige Einstellung gegenüber den Kunden ergibt sich nicht einfach so. Sie muss geplant, eingeübt und belohnt werden.

Dennoch verwirren Unternehmen ihre Mitarbeiter oft mit widersprüchlichen Botschaften. *L. L. Bean* und andere Unternehmen bringen ihren Mitarbeitern bei, die Kunden zu schätzen und ihnen Priorität einzuräumen. Gleichzeitig ist klar, dass die Kunden von unterschiedlicher Wichtigkeit für das Unternehmen sind (je nach Beitrag zum Umsatz) und daher unterschiedlich behandelt werden sollten.

American Airlines bietet verschiedenen Kunden nicht nur unterschiedliche Sitzabstände und Menüs. Passagiere, die Millionen Meilen angesammelt haben, bekommen die *Executive-Platinum-Advantage-Behandlung*: Sie dürfen einen schnelleren Check-in-Schalter benutzen und früher an Bord gehen, sie erhalten häufige Upgrades und bekommen Überraschungsgeschenke wie interessante Bücher und *Tiffany*-Kristall.

Fazit: Behandeln Sie jeden Kunden mit großer Sorgfalt, aber nicht unbedingt gleich.

Um wirklich kundenorientiert zu sein, sollte das Unternehmen von Kundenmanagern (oder Kundengruppenmanagern) und nicht von Markenmanagern geführt werden. Kundenmanager finden heraus, welche Produkte und Dienstleistungen für ihre Kunden besonders wichtig sind und arbeiten dann mit den Produkt- und Markenmanagern zusammen, um sie bereitzustellen.

Zu viele Unternehmen sind *produktorientiert*, aber nicht *kundenzentriert*. Sie denken ungefähr so:

Anlagevermögen → Input → Angebote → Vertriebswege → Kunden

Ihre Produktorientierung und die starke Kapitalbindung durch Anlagegüter führen dazu, dass sie ihre Angebote an jeden denkbaren Kunden zu vermarkten versuchen. Dabei entgeht ihnen völlig, dass es unterschiedliche Kundensegmente gibt, die unterschiedliche Werte verlangen. Da sie wenig über einzelne Kunden wissen, können sie kein effizientes *Cross-Selling* oder *Up-Selling* betreiben. Für beide Instrumente ist es erforderlich, Transaktionsdaten und andere Informationen über einzelne Kunden zu erheben und daraus Rückschlüsse zu ziehen, an welchen Angeboten sie sonst noch interessiert sein könnten. Unternehmen bevorzugen deshalb einen anderen Ansatz, das *Sense-and-Response-Marketing*[24], bei dem sie zuerst herausfinden, was die Verbraucher wünschen, und es dann herstellen:

Kunden → Vertriebswege → Angebote → Input → Anlagevermögen

Wenn das Unternehmen den Kunden zum Ausgangspunkt aller Überlegungen macht, befindet es sich in einer viel besseren Ausgangsposition, um Entscheidungen über Vertriebswege, Angebote, Inputs und Anlagegüter zu treffen.

Kundenservice

Im Zeitalter der Massenprodukte stellt die Servicequalität eine der vielversprechendsten Möglichkeiten zur Differenzierung und Unterscheidung dar. Die Bereitstellung eines guten Service ist das Kernstück wahrer Kundenorientierung.

Viele Unternehmen betrachten den Kundenservice jedoch als Belastung, als reinen Kostenfaktor und somit als Aufgabenfeld, das es zu minimieren gilt. Firmen machen es ihren Kunden meist nicht gerade leicht, Fragen zu stellen, Vorschläge zu unterbreiten oder Beschwerden vorzubringen. Serviceleistungen werden als reine Pflichtaufgabe und Gemeinkostentreiber angesehen, nicht als Chance und Marketingwerkzeug.

Jedes Unternehmen ist ein Dienstleistungsunternehmen. Theodore Levitt meinte dazu: »Es gibt keine Dienstleistungsbranche. Es gibt lediglich Branchen, in denen das Dienstleistungselement eine größere oder kleinere Rolle spielt als in anderen. Jeder ist ein Dienstleister.«

»Unternehmen, die auf Service ausgerichtet sind, haben gute Erfolgschancen. Unternehmen, die auf Profit ausgerichtet sind, scheitern meist«, stellte der amerikanische Pädagoge Nicholas Murray Butler fest.

Welches Maß an Service sollte ein Unternehmen anbieten? Guter Service allein genügt nicht. Über guten Service verliert niemand mehr ein Wort. Sam Walton, Gründer von *Wal-Mart,* setzte sich ein höheres Ziel: »Als Unternehmen verfolgen wir das Ziel, einen Kundenservice zu betreiben, der nicht nur der beste, sondern legendär ist.« Die drei F des Service-Marketing lauten *flink*, *flexibel* und *freundlich*.

Welche Merkmale kennzeichnen einen schlechten Kundendienst? Man erzählt von einem Hotel in Spanien, in dem Reklamationen nur zwischen 9 und 11 Uhr morgens an der Rezeption angenommen werden. Ein Laden in England begrüßt seine Kunden mit folgendem Schild: »Wir bieten Qualität, Service und niedrige Preise. Suchen Sie sich zwei davon aus.«

Sie haben zwei Möglichkeiten, sich für Ihren Kundenservice einen Namen zu machen – entweder bieten Sie besonders gute oder besonders schlechte Serviceleistungen an.

Ellsworth Statler, Gründer der *Statler*-Hotels, gab seinem Personal folgenden Leitsatz vor: »Bei allen kleineren Diskussionen zwischen den Mitarbeitern und den Gästen von Statler befindet sich der Mitarbeiter grundsätzlich im Irrtum.«

Prüfen Sie die Qualität Ihres Kundenservice, indem Sie für einen Tag in die Haut des Kunden schlüpfen. Rufen Sie bei Ihrem Unternehmen an, als wären Sie ein Kunde, und stellen Sie Ihren Mitarbeitern einige Fragen. Besuchen Sie eines Ihrer Geschäfte und versuchen Sie, ein Produkt zu kaufen. Rufen Sie an, weil Sie ein Produkt zurückschicken oder sich beschweren möchten, und beobachten Sie, wie der Mitarbeiter reagiert. Sie werden bestimmt enttäuscht sein.

Kontrollieren Sie auch die Freundlichkeit Ihrer Beschäftigten. Und denken Sie immer daran, dass »ein Lächeln die kürzeste Verbindung zwischen zwei Menschen ist«. (Victor Borge)

Kundenzufriedenheit

Die meisten Unternehmen räumen dem Marktanteil einen höheren Stellenwert als der Kundenzufriedenheit ein. Damit machen sie einen fatalen Denkfehler. Denn der Marktanteil sagt etwas über die Vergangenheit aus, die Kundenzufriedenheit dagegen über die Zukunft. Lässt Kundenzufriedenheit nach, sinkt bald auch der Marktanteil. Unternehmen müssen deshalb die Kundenzufriedenheit messen, überwachen und verbessern. Je höher die Kundenzufriedenheit, desto stärker die Bindung. Bedenken Sie die folgenden vier Fakten:

1. Es kann fünf- bis zehnmal teurer sein, Neukunden zu gewinnen, als vorhandene Kunden zufrieden zu stellen und zu binden.
2. Unternehmen verlieren pro Jahr im Durchschnitt zwischen 10 und 30 Prozent ihrer Kunden.
3. Eine Senkung der Kundenabwanderungsrate um 5 Prozent kann je nach Branche die Gewinne um 25 bis 85 Prozent steigern.
4. Der mit den einzelnen Kunden erzielte Gewinn steigt im Lauf der Kundenbeziehung.[25]

Ein Unternehmen rühmte sich einmal, dass 80 Prozent seiner Kunden zufrieden oder sehr zufrieden seien. Das klang recht gut, bis es erfuhr, dass der führende Konkurrent eine Kundenzufriedenheit von 90 Prozent erreichte. Völlig entsetzt stellte das Unternehmen auch fest, dass dieser Konkurrent sich eine Zufriedenheit von 95 Prozent zum Ziel gesetzt hatte.

Unternehmen, die eine hohe Zufriedenheit erreicht haben, sollten diesen Erfolg in der Werbung einsetzen. Das Marktforschungsunternehmen *JD Powers* ermittelte für den *Honda Accord* mehrere Jahre lang die beste Einstufung in der Kundenzufriedenheit, was den Absatz weiter ankurbelte. Der Computerhändler *Dell* erzielte die höchsten Einstufungen in punkto Zufriedenheit und warb damit in Werbekampagnen. Daraus schöpften potenzielle Kunden das notwendige Vertrauen, das man bei der Bestellung eines Computers benötigt, den man vorher nicht gesehen hat.

Viele Werbekampagnen thematisieren die Kundenzufriedenheit. In einer Anzeige von *Honda* heißt es: »Unsere Kunden sind deshalb so zufrieden, weil wir es nicht sind.« Das Versicherungsunternehmen

Cigna wirbt: »Wir sind erst dann hundertprozentig zufrieden, wenn Sie es auch sind.« Aber hüten Sie sich vor Übertreibungen. Die *Holiday-Inn*-Kette lancierte vor einigen Jahren eine Kampagne, in der sie versprach: »No Surprises«. Aber es gab so viele Beschwerden von Gästen, dass der Slogan schnell wieder aus der Werbung genommen wurde.

Die Kundenzufriedenheit ist ein wichtiges Ziel, das einem Unternehmen aber keinen Anlass geben darf, sich zurückzulehnen. Sie ist nur ein schwacher Indikator für die Kundenbindung, zumal auf hart umkämpften Märkten. Unternehmen verlieren regelmäßig einen bestimmten Anteil ihrer zufriedenen Kunden und müssen sich deshalb mehr als in der Vergangenheit auf die Kundenbindung konzentrieren. Aber selbst auf die Kundenbindung kann man sich nicht verlassen, weil die Möglichkeit besteht, dass sie nur auf Gewohnheit oder auf dem Fehlen von Alternativen beruht. Es ist von entscheidender Bedeutung, möglichst viele treue, engagierte Kunden zu haben. So sind treue Käufer von Konsumgütermarken im Allgemeinen bereit, 7 bis 10 Prozent mehr als die nicht loyalen Verbraucher zu bezahlen.

Versuchen Sie deshalb, Ihre Kunden nicht nur zufrieden zu stellen, sondern sie zu begeistern. Die besten Unternehmen versuchen, die Kundenerwartungen zu übertreffen und ein Lächeln auf die Kundengesichter zu zaubern. Aber sobald ihnen das gelungen ist, wird es beim nächsten Mal schon als selbstverständlich vorausgesetzt. Wie soll ein Unternehmen die Erwartungen immer wieder übertreffen, wenn diese ständig in die Höhe geschraubt werden? Eine interessante Frage!

Leistungsmessung

Marketingfachleute richten ihr Augenmerk traditionell auf den Umsatz, den *Marktanteil* und die *Gewinnspanne* eines Unternehmens, um seine Ziele festzulegen und seine Leistung zu beurteilen. Zugewinne beim Marktanteil sind zwar wünschenswert, bedürfen jedoch einer genaueren Untersuchung. Haben Sie die richtigen oder falschen Kunden angezogen? Sind die neuen Käufer Ihnen treu oder gehören sie zur Spezies der Wechselkunden? »Kaufen« Sie Marktanteil oder »verdienen« Sie ihn sich? Gewinnen Sie einen größeren Anteil eines schrumpfenden Marktes hinzu? Die folgenden Punkte können wichtige Denkanstöße geben:

- Vor Jahren entließ *General Electric* einen Divisionsleiter, weil dieser den Verkauf von Elektronenröhren angekurbelt hatte, obwohl er den Transistorenmarkt ausbauen sollte.
- Als Jack Welch bei *General Electric* seinen Abschied nahm, bekannte er, dass es falsch war zu denken, der Konzern müsse in allen Geschäftsbereichen die Nummer eins oder zumindest die Nummer zwei sein. Denn diese Einstellung »verleitet das Management dazu, seine Märkte eng zu definieren, ... was dazu geführt hat, dass *General Electric* Chancen und Wachstum verpasst hat.«

Auch die Konzentration auf die Gewinnspanne kann ein Unternehmen in die Irre führen. Amerikanische Automobilhersteller schreckten vor der Produktion von guten Kleinwagen zurück, da die Margen niedrig lagen. Daraufhin bemühten sich die Japaner um diesen Markt, wohl wissend, dass sie die Herzen junger Kunden gewinnen konnten, die sich später größere »Japaner« kaufen würden.

Ihre Firma braucht eine Reihe weiterer Messgrößen, um ihre Ziele festzulegen und ihre Leistung zu bewerten (siehe nachfolgend).

Unternehmensziele und Leistungsmaßstäbe

- Anteil von Neukunden an der durchschnittlichen Kundenzahl;
- Anteil von verlorenen Kunden an der durchschnittlichen Kundenzahl;
- Anteil von zurückgewonnenen Kunden an der durchschnittlichen Kundenzahl;
- Anteil von sehr unzufriedenen, unzufriedenen, neutralen, zufriedenen und sehr zufriedenen Kunden;

- Anteil von Kunden, die angeben, dass sie wieder bei dem Unternehmen kaufen werden;
- Anteil von Kunden, die angeben, dass sie das Unternehmen weiterempfehlen werden;
- Anteil von Kunden, die angeben, dass die Produkte des Unternehmens in der betreffenden Produktkategorie die begehrtesten Produkte sind;
- Anteil von Kunden, die die beabsichtigte Positionierung und Differenzierung des Unternehmens richtig erkennen;
- durchschnittlich wahrgenommene Produktqualität des Unternehmens verglichen mit dem Hauptkonkurrenten;
- durchschnittlich wahrgenommene Kundendienstqualität des Unternehmens verglichen mit dem Hauptkonkurrenten;

Für verschiedene Marketingbereiche müssen dann konkretere Leistungsziele und Messgrößen festgelegt werden. Für den Kundendienst können Sie beispielsweise den Maßstab »pünktliche, erfolgreiche Reparatur« heranziehen, um in Erfahrung zu bringen, wie häufig ein Kundendienstmitarbeiter pünktlich erschienen ist und das Produkt auf Anhieb perfekt repariert hat. Für die Auftragsbearbeitung kann beispielsweise der Prozentsatz der »vollständig und korrekt ausgeführten Bestellungen« ermittelt werden.

Jedes Unternehmen muss für die Verwirklichung der verschiedenen Zielvorgaben angemessene Anreize bieten. Dabei dürfen Anreize nicht so gesetzt werden, dass sie zwar kurzfristig Gewinne schaffen, jedoch langfristig Kundenverluste verursachen. Wer Automobilverkäufern eine Provision zahlt, verleitet sie dazu, Kunden zu manipulieren, damit ein Kaufabschluss zustande kommt. Aktienmakler, die auf Provisionsbasis arbeiten, haben ein Interesse daran, mit dem Wertpapierbesitz der Kunden möglichst häufige Transaktionen durchzuführen. Versicherungen versuchen, bei Versicherungsansprüchen so wenig wie möglich zu zahlen. Bei der Vergütung von Telemarketern steht ihre Arbeitsgeschwindigkeit im Vordergrund, nicht der Service, was dem Aufbau einer langfristigen Kundenbeziehung schaden kann.

Incentive-Systeme müssen daher sorgfältig überwacht werden, um Missbrauch zu vermeiden.

Lieferanten

Marketingmitarbeiter sollten sich nicht nur mit den Handelspartnern, sondern auch mit den Lieferanten des Unternehmens beschäftigen. Zum einen muss sichergestellt werden, dass die Einkäufer Qualitätsprodukte beschaffen, damit das Unternehmen seinen Zielkunden die versprochene Qualität liefern kann. Außerdem können unzuverlässige Lieferanten Produktionsverzögerungen verursachen und somit Grund dafür sein, dass Lieferzusagen gegenüber Kunden nicht eingehalten werden. Drittens stellen gute Lieferanten nicht lediglich ihre Produkte bereit, sondern bringen auch konstruktive Ideen ein.

Während Einkäufer natürlich die besten Lieferanten auswählen sollten, müssen sie gleichzeitig die Beschaffungskosten möglichst niedrig halten. Dieser Druck kann dazu führen, dass sie bei der Wahl der Lieferanten Kompromisse schließen. Als Ignacio Lopez für den Einkauf bei *General Motors* verantwortlich war, ging er sehr hart mit den Lieferanten um und forderte extrem niedrige Preise, was einige Zulieferer an den Rand des Konkurses brachte. Ein solches Verhalten ist kurzsichtig. Es liegt auf der Hand, dass die in die Enge getriebenen Zulieferer sich bei der nächstbesten Gelegenheit für andere Automobilhersteller entschieden.

Heute reduzieren die meisten Unternehmen die Zahl ihrer Lieferanten. Diesem Schritt liegt der Wunsch zugrunde, lieber mit einem guten Lieferanten zu kooperieren als mit drei durchschnittlichen. Verschiedene Firmen arbeiten heute mit einem Hauptlieferanten zusammen, anstatt in dem Bestreben, sich optimale Vertragsbedingungen zu sichern, mehrere Händler gegeneinander auszuspielen. In der Automobilindustrie zeichnet sich der Trend ab, einen Zulieferer für die Sitze, einen für die Motoren, einen anderen für die Bremssysteme zu wählen. Diese Hauptlieferanten werden wie Partner behandelt, die ihren Beitrag zum Erfolg des Kunden leisten.

Lieferanten sollten für anspruchsvolle Kunden dankbar sein. *Rolls-Royce* bezeichnet *Boeing* als »schwierigsten Kunden, den wir haben« – und ist dafür dankbar. Wenn ein Unternehmen die Ansprüche eines anspruchsvollen Kunden erfüllt, fällt es ihm leicht, seine genügsameren Abnehmer zufrieden zu stellen.

Loyalty Marketing

»Treue« (Loyalty) ist schon ein fast altmodisch anmutender Begriff, der bedeutet, dass ein Mensch sich seinem Land, seiner Familie oder seinen Freunden zutiefst verpflichtet fühlt. Der Begriff hielt mit dem Konzept der Brand Loyalty (Markentreue) Einzug in das Marketing. Aber können Menschen einer Marke gegenüber wirklich treu sein? Tony O'Reilly, ehemaliger CEO von *H. J. Hein*, schlug vor, die Markentreue anhand des folgenden Tests zu prüfen: »Mein Härtetest ... besteht darin, dass ich untersuche, ob eine Hausfrau, die in einem Supermarkt kein *Heinz*-Tomatenketchup findet, eigens deswegen noch ein weiteres Geschäft aufsucht.«

Es ist unbestritten, dass manche Menschen eine außergewöhnliche Verbundenheit mit manchen Marken entwickeln. Der Besitzer einer *Harley Davidson* würde die Marke selbst dann nicht wechseln, wenn er überzeugt wäre, dass eine andere Marke ihm mehr Leistung böte. *Apple*-Nutzer wechseln auch dann nicht zu *Microsoft*, wenn ihnen das einige Vorteile verschaffen würde. *BMW*-Fans wechseln nicht zu *Mercedes*. Wir sprechen von einer hohen Markentreue, wenn eine große Anzahl der Kunden gar nicht daran denkt, zur Konkurrenz zu wechseln.

Die Markentreue wird im Wesentlichen an der Kundenbindungsrate eines Unternehmens gemessen. Im Durchschnitt verliert jedes Unternehmen in weniger als fünf Jahren die Hälfte seiner Kunden. Bei

Unternehmen mit einer hohen Markentreue liegt dieser Anteil bei höchstens 20 Prozent. Aber eine hohe Bindungsrate lässt nicht zwangsläufig auf begeisterte Kunden schließen. Manche Kunden bleiben einfach nur deshalb, weil sie zu bequem sind, den Anbieter zu wechseln, weil es ihnen gleichgültig ist, von wem sie das Produkt beziehen, oder weil sie an langfristige Verträge gebunden sind.

Wer einen treuen Kundenstamm aufbauen möchte, muss lernen, Unterschiede zwischen den Kunden zu machen. Das bedeutet nicht, Männer oder Frauen, bestimmte Altersgruppen oder ethnische Gruppen vorzuziehen oder auszuschließen. Es bedeutet, zwischen rentablen und unrentablen Kunden zu unterscheiden. Man kann von keinem Unternehmen erwarten, dass es sich um einen unrentablen Kunden genauso intensiv kümmert wie um einen rentablen. Kluge Unternehmer definieren deshalb diejenigen Kundensegmente, die den größten Nutzen von ihren Angeboten haben. Bei ihnen ist die Wahrscheinlichkeit am höchsten, dass sie ihnen die Treue halten. Treue Kunden bringen dem Unternehmen langfristige Erträge und führen ihm außerdem durch Weiterempfehlungen immer wieder neue Kunden zu.

Manche Unternehmen versuchen, die Kundentreue durch Treueprogramme zu stärken. Solche Programme sind vielleicht als Bestandteil einer guten Kundenmanagementstrategie sinnvoll, aber in vielen Fällen verfehlen sie ihr Ziel. Sie sprechen die rationale Seite des Kunden an, der gern etwas gratis bekommt, knüpfen aber nicht zwangsläufig ein emotionales Band. Wie sollen Vielfliegermeilen die Kundentreue fördern, wenn Flüge abgesagt werden, Maschinen überbucht sind, Gepäckstücke verloren gehen und die Kabinen-Crew offensichtlich genervt ist? Manchmal handelt es sich sogar eher um Untreueprogramme, etwa wenn Fluggäste ihre Punkte bei einer Fluggesellschaft verlieren, weil sie nicht innerhalb von zwei Monaten wieder fliegen.

Unternehmen sollten ihre treuen Kunden belohnen. Allzu häufig aber unterbreiten sie potenziellen neuen Kunden viel attraktivere Angebote als ihren vorhandenen Kunden. Ein Telekommunikationsunternehmen wirbt etwa mit brandneuen Handsets und niedrigen Tarifen um neue Kunden, während es die alten Kunden auf ihren überholten Geräten und ungünstigeren Tarifen sitzen lässt. Warum bietet es seinen Kunden keine Umtauschaktion für Altgeräte und einen Tarifplan an, bei dem sie mit jedem Treuejahr in eine günstigere Stufe gelangen? Die *State Farm Mutual Automobile Insurance* tut genau dies und senkt die Prämie für Autofahrer, wenn sie in einem Versicherungszeitraum keine Schadensfälle melden.

Selbstverständlich sollte jedes Unternehmen versuchen, einen treuen Kundenstamm aufzubauen. Andererseits wird die Treue nie so stark werden, dass die Kunden einem Konkurrenten widerstehen würden, der ihnen noch überzeugendere Vorteile und noch mehr Nutzen anbietet.

Märkte

Märkte können auf unterschiedliche Weise definiert werden. Ursprünglich war ein Markt ein konkreter Ort, an dem Käufer und Verkäufer zusammenkamen. Für Wirtschaftswissenschaftler ist ein Markt eine Gruppe von Käufern und Verkäufern, die (im unmittelbaren persönlichen Kontakt oder per Telefon, E-Mail oder auf andere Weise) Abschlüsse für ein bestimmtes Produkt oder eine Produktkategorie tätigen. Daher spricht man vom Automobilmarkt oder Immobilienmarkt. Marketingfachleute dagegen betrachten die Verkäufer als »Branche« und die Käufer als den »Markt«. Deshalb reden Marketingexperten über den Markt der »35- bis 50-jährigen Hausfrauen mit niedrigem Einkommen« oder über den Markt der »Lackeinkäufer im Automobilsektor«.

Der Marktbegriff kann eng und weit gefasst werden. Die weiteste Definition führt uns zum »Massenmarkt« – dieser Markt umfasst Milliarden von Menschen, die Grunderzeugnisse kaufen und konsumieren (zum Beispiel Seife oder Softdrinks). Ein Großteil des amerikanischen Wirtschaftswachstums ist darauf zurückzuführen, dass amerikanische Unternehmen die Massenproduktion, den Massenvertrieb und das Massenmarketing beherrschen.

Das andere Extrem ist im »Einzelkundenmarkt« zu sehen, der aus einer bestimmten Person oder einem Unternehmen besteht, mit dem sich ein Verkäufer beschäftigt. *IBM* wäre für einen Berater, der sich in seiner gesamten Arbeitszeit ausschließlich dem Verkauf von Dienstleistungen an *IBM* widmet, ein solcher »Einzelkundenmarkt«.

Entscheidend ist, dass der Marketingexperte den *Zielmarkt* so sorgfältig wie möglich festlegt. Der »Massenmarkt« als Zielmarkt ist viel zu vage. Kaum jemand wird ein Produkt herstellen können, das allen Menschen gefällt. Leichter ist es, ein Produkt herzustellen, für das sich einige begeistern. Diese Erkenntnis hat Unternehmen dazu geführt, Nischen und Mikromärkte ins Visier zu nehmen. Wenn Märkte in immer kleinere Segmente aufgegliedert werden, ist dies allerdings mit dem Nachteil verknüpft, dass das entsprechend geringere Volumen in diesen Segmenten nur einigen wenigen Unternehmen ein Überleben ermöglichen kann.

Die Funktionsweisen von Märkten werden oft hierarchischen Strukturen gegenübergestellt. Auf einem Markt gehen Menschen aus freien Stücken Vereinbarungen ein, von denen beide Seiten profitieren. Hierarchien bestehen dagegen aus höherrangigen Personen, die Untergebenen Anweisungen erteilen. Viele Menschen vertreten die Ansicht, dass Märkte und nicht Hierarchien der beste Weg seien, um ein nachhaltiges, selbstregulierendes Wirtschaftssystem aufzubauen. Die Kommandowirtschaft hat sich als untauglich erwiesen.

Das Marketing ist eine demokratisierende Kraft. Es gibt grundsätzlich vier Wege, um in den Besitz einer gewünschten Sache zu gelangen: stehlen, leihen, erbitten oder tauschen. Der Tausch (etwas geben, um etwas zu erlangen), das Herzstück des Marketing, stellt den moralisch vertretbarsten und effizientesten Weg dar.

Eins ist sicher: Märkte ändern sich schneller als das Marketing. Beeinflusst durch wirtschaftliche, technische und kulturelle Veränderungen wandeln sich die Anzahl der Käufer, ihre Wünsche und ihre Kaufkraft. Unternehmen bemerken diese Änderungen oftmals gar nicht und behalten Marketingpraktiken bei, die längst nicht mehr greifen. Viele Unternehmen arbeiten mit veralteten Marketingverfahren.

Marken

Es gibt kaum etwas, das keine Marke sein könnte: *Coca-Cola, Fed-Ex, Porsche, New York City, die USA, Madonna* und Sie – ja, Sie! Jeder Name, der mit Sinn erfüllt ist und Assoziationen auslöst, ist eine Marke. Eine herausragende Marke bewirkt aber noch mehr: Sie verleiht einem Produkt eine besondere Färbung und einen eigenen Klang.

Russell Hanlin, CEO von *Sunkist Growers*, bemerkte: »Eine Orange ist eine Orange ... ist eine Orange. Es sei denn, diese Orange ist zufällig *Sunkist*, ein Name, den 80 Prozent der Verbraucher kennen und dem sie vertrauen.« Dasselbe kann man über *Starbucks* sagen:»Es gibt Kaffee und es gibt *Starbucks*-Kaffee.«

Sind Marken wichtig? Robert Goizueta, verstorbener CEO von *Coca-Cola*, meinte: »Selbst wenn all unsere Fabriken und Firmengebäude morgen abbrennen würden – der Wert des Unternehmens wäre davon kaum beeinträchtigt. Der eigentliche Wert liegt nämlich im Goodwill unserer Marke und im kollektiven Wissen, das im Unternehmen vorhanden ist.« In einer Broschüre von *Johnson & Johnson* wird dies bestätigt: »Der Name und die Marke unseres Unternehmens sind das Wertvollste, was wir besitzen.«

Der Aufbau einer Marke ist harte Arbeit. David Ogilvy meinte etwa: »Geschäfte kann jeder Idiot machen, aber um eine Marke zu schaffen, braucht man Genie, Glauben und Hartnäckigkeit.«

Große Marken erkennt man daran, wie viel Treue ihnen entgegengebracht wird. *Harley Davidson* etwa ist eine große Marke, denn wer einmal eine *Harley Davidson* besaß, wechselt fast nie mehr zu einer anderen Marke. Auch *Apple*-Nutzer wechseln selten zu *Microsoft*.

Für eine bekannte Marke bezahlt der Käufer auch einen Aufpreis.

Ein Spötter meinte einmal, das Ziel der Markenbildung sei es, »mehr Geld für ein Produkt zu bekommen, als es wert ist«. Aber das ist eine zu starke Vereinfachung, denn eine vertrauenswürdige Marke bietet dem Käufer klare Vorteile. Er erkennt schon am Markennamen, welche Produktqualität, Merkmale und Serviceleistungen er erwarten kann, und dafür bezahlt er gern auch einen höheren Preis.

Marken ermöglichen es den Menschen, Zeit zu sparen, und Zeit ist Geld. Niall Fitzgerald, Chairman von *Unilever*, bemerkte: »Eine Marke ist eine mit Vertrauen gefüllte Schatztruhe, die immer wichtiger wird, je mehr Auswahl die Konsumenten haben. Die Menschen möchten ihr Leben vereinfachen.«

Eine Marke stellt eine Art Vertrag dar, dem der Kunde entnimmt, was er erwarten kann. Der Markenvertrag muss Zuverlässigkeit und Glaubwürdigkeit vermitteln. So bietet *Motel 6* saubere Zimmer, niedrige Preise und guten Service, verspricht aber weder eine luxuriöse Einrichtung noch ein größes Badezimmer.

Wie werden Marken aufgebaut? Jedenfalls nicht durch Werbung, wie leider viele glauben. Die Werbung weckt nur die Aufmerksamkeit für die Marke; bestenfalls schafft sie Interesse und regt zu Gesprächen über die Marke an. Aber die Entwicklung einer Marke erfolgt ganzheitlich, nämlich durch die Koordination unterschiedlichster Instrumente wie *Werbung, Public Relations (PR), Sponsorenschaften, Veranstaltungen, Unterstützung gesellschaftlicher Belange, Club-Mitgliedschaften, Empfehlung durch Prominente*, um nur einige zu nennen.

Es ist leicht, eine Anzeige zu platzieren, aber die Medien zur Diskussion über die Marke zu bewegen ist sehr schwer. Journalisten sind immer auf der Suche nach interessanten Produkten oder Dienstleistungen wie einem *Palm*-Computer, *Viagra*, *Starbucks*-Kaffee oder *eBay*. Eine neue Marke sollte eine neue Kategorie begründen, einen interessanten Namen haben und eine faszinierende Geschichte erzählen. Wenn die Printmedien und das Fernsehen diese Geschichte aufgreifen, hören die Verbraucher davon und erzählen es weiter. Je häufiger sie von anderen etwas über eine Marke erzählt bekommen, desto

mehr Glaubwürdigkeit entsteht. Werbung dagegen kann diese Glaubwürdigkeit nicht erzeugen, weil sie von vornherein als subjektiv gilt.
Machen Sie keine Werbung für Ihre Marke – leben Sie sie. Letztlich wird die Marke durch Ihre Mitarbeiter aufgebaut, die den Kunden positive Erfahrungen ermöglichen. Entscheidend ist Folgendes:
Hat die *Markenerfahrung* das *Markenversprechen* erfüllt? Die Unternehmen müssen also die Markenerfahrung mit dem Markenversprechen koordinieren.

Eine wichtige Rolle spielt dabei die Wahl des Markennamens. Die
Teilnehmer eines Kundenpanels sollten einmal anhand von zwei Fo-
tos gut aussehender Frauen beurteilen, welche der abgebildeten
Frauen besser aussehe. Das Ergebnis war unentschieden. Daraufhin
nannten die Versuchsleiter eine Frau Jennifer und die andere Ger-
trude. Die Frau namens Jennifer wurde daraufhin von 80 Prozent der
Teilnehmer für besser aussehend gehalten.

Hervorragende Marken sind der einzige Weg zu nachhaltiger und
überdurchschnittlicher Rentabilität. Hervorragende Marken bieten
außerdem nicht nur rationale, sondern auch emotionale Vorteile. Zu
viele Markenmanager konzentrieren sich auf rationale Anreize – etwa
Produktmerkmale, Preis und Werbeaktionen – , die jedoch wenig zur
Vertiefung der Kundenbeziehung beitragen. Dagegen sprechen hervorragende Marken auch Gefühle an. In Zukunft werden sie auch
immer mehr das Thema der gesellschaftlichen Verantwortung ansprechen. Marken entwickeln sich zu Symbolen dafür, dass es wichtig ist,
sich um andere Menschen und den Zustand der Welt zu kümmern.

Jedes Unternehmen muss eine klare Entscheidung darüber treffen,
was seine Marke bedeuten soll. Wofür stehen etwa *Sony, Burger King*
oder *Cadillac*? Eine Marke muss eine Persönlichkeit erhalten und sie
muss eigene, unverwechselbare Merkmale besitzen. Diese Merkmale
müssen sich in allen Marketingaktivitäten des Unternehmens spiegeln.

Richard Bransons Marke *Virgin* steht für Spaß und Kreativität. Diese Merkmale spiegeln sich in allen Marketingaktivitäten. So gibt es etwa auf manchen Flügen der *Atlantics Airways* von *Virgin* Massagen, Rockbands und Casinos. Die Flugbegleiter sind locker und machen Witze mit den Passagieren. Richard Branson setzt das Instrument der Public Relations ein, um mit seinem Wagemut zu beeindrucken, wenn er etwa eine Weltumrundung mit dem Heißluftballon versucht. Bei der Einführung von *Virgin Bride* (Brautkleidung) ließ sich Branson als Braut verkleidet blicken.

Sobald Sie die Merkmale Ihrer Marke definiert haben, müssen Sie sie in jeder Marketingmaßnahme zum Ausdruck bringen. Ihre Mitarbeiter müssen den »Geist« der Marke leben – sowohl auf der Ebene des gesamten Unternehmens wie der spezifischen Aufgabenbereiche. Wenn sich Ihr Unternehmen als besonders innovativ preist, müssen Sie dafür geeignete Mitarbeiter einstellen, sie entsprechend schulen und für innovative Leistungen angemessen belohnen. Für jeden Arbeitsplatz muss definiert werden, was es bedeutet, innovativ zu sein – für den Produktionsleiter ebenso wie für den Fahrer, den Buchhalter und Verkäufer.

Die Markenpersönlichkeit muss auch von den Partnern des Unternehmens respektiert werden. So darf ein Händler das Markenimage nicht beschädigen, indem er sich auf einen Preiskampf mit anderen Händlern einlässt. Er muss die Marke angemessen repräsentieren und das Markenversprechen Tag für Tag einlösen.

Erweist sich eine Marke als Erfolg, liegt der Gedanke nahe, weitere Produkte mit dem Markennamen zu lancieren. Der Markenname könnte etwa auf weitere Produkte in derselben Kategorie (Line Extension) übertragen werden, er könnte in einer neuen Kategorie (Brand Extension) verwendet werden oder man könnte mit ihm sogar in ganz neue Geschäftsfelder einsteigen (Brand Stretch).

Die Übertragung des Markennamens auf weitere Produkte (Line Extension) ist insoweit sinnvoll, als man sich auf den schon aufgebauten Goodwill stützen kann und folglich kein Geld mehr dafür ausgeben muss, um das Markenbewusstsein für einen neuen Namen und ein neues Angebot zu schaffen. Deshalb führt *Campbell Soup* neue Suppen mit dem bekannten roten Etikett ein. Aber dies setzt auch die Disziplin voraus, unrentable Suppen aus der Produktpalette herauszunehmen, wenn neue Sorten hinzukommen. Die neuen Suppen könnten zu Lasten der bisherigen Verkaufsrenner gehen, ohne nennenswerte zusätzliche Einnahmen zur Deckung der Zusatzkosten einzubringen. Sie könnten die Wirtschaftlichkeit der Abläufe senken, die Vertriebskosten steigern, die Verbraucher verwirren und die Gesamtrentabilität drücken. Manchmal ist es sicher sinnvoll, weitere Produkte unter einem schon erfolgreichen Markennamen zu lancieren. Insgesamt jedoch sollte man dieses Instrument sparsam verwenden.

Etwas riskanter ist der Markentransfer auf eine neue Kategorie (Brand Extension): Ist ein Käufer von *Campbell*-Suppen automatisch auch an Popcorn von *Campbell* interessiert? Am riskantesten ist der Einstieg in völlig neue Geschäftsfelder (Brand Stretch): Würden Sie ein Auto von *Coca-Cola* kaufen?

Bekannte Unternehmen überschätzen oft ihre Fähigkeit, dank ihres guten Markenrufes den Sprung in eine andere Kategorie zu schaffen. Wie erging es den Computern von *Xerox* oder der Salsa-Soße von *Heinz*? Hat der *iPAQ Pocket PC* von *Hewlett-Packard/Compaq* den *Palm*-Handheld überholt? Konnte sich das *Bayer*-Produkt Paracetamol gegen Tylenol durchsetzen? Ist *Amazon*-Electronics so erfolgreich wie das Buchgeschäft von *Amazon*? Zu häufig führen Unternehmen so genannte »Me-too«-Produkte ein, die sich letztlich gegen die führenden Anbieter nicht behaupten können.

Oft wäre es besser, einem neuen Produkt von vornherein einen neuen Namen zu geben, anstatt ihm den Firmennamen und den damit einhergehenden Ballast aufzubürden. Denn der Firmenname signalisiert dem Verbraucher, dass er etwas Bekanntes und nichts Neues bekommt. Einige Unternehmen haben das begriffen. *Toyota* nannte seinen Pkw der Oberklasse nicht *Toyota Upscale*, sondern *Lexus*. *Apple* Computer nannte seinen neuen Computer nicht *Apple IV*, sondern *Macintosh*, *Levi's* seine neuen Hosenmodelle nicht *Levi's Cottons*, sondern *Dockers*, *Sony* sein neues Videospiel nicht *Sony Videogame*, sondern *PlayStation*, und *Black & Decker* seine verbesserten Werkzeuge nicht *Black & Decker Plus*, sondern *DeWalt*. Ein neuer Markenname eröffnet auch neue Chancen dafür, Public Relations zu betreiben, um die so wertvolle Aufmerksamkeit der Medien zu gewinnen und ins Gespräch zu kommen. Eine neue Marke benötigt Glaubwürdigkeit, und dafür leistet die PR viel bessere Dienste als die Werbung.

Aber keine Regel ohne Ausnahmen. Richard Branson hat den Namen *Virgin* für mehrere Dutzend Geschäftsfelder verwendet, darunter *Virgin Atlantic Airways, Virgin Holidays, Virgin Hotels, Virgin Trains, Virgin Limousines, Virgin Radio, Virgin Publishing* und *Virgin Cola*. *Ralph Laurens* Name findet sich auf Bekleidung wie auf Einrichtungsgegenständen. Dennoch muss sich jedes Unternehmen fragen: Wie oft kann der Markenname übertragen werden, bevor er seine Bedeutung verliert?

Al Ries und Jack Trout, zwei anerkannte Marketingexperten, sprechen sich gegen die meisten Erweiterungen und Übertragungen auf neue Geschäftsfelder aus. Sie sehen darin nur eine Verwässerung der ursprünglichen Marke. Eine *Coke* sollte ihrer Meinung nach ein Softdrink in der berühmten *Coke*-Flasche sein. Aber wenn Sie heute eine *Coke* bestellen, müssen Sie erklären, ob Sie eine *Coca-Cola Classic*, koffeinfreie *Coca-Cola Classic*, Diät-*Coke*, Diät-*Coke* mit Zitrone, Vanille-*Coke* oder Kirsch-*Coke* möchten – und möchten Sie eine Dose oder eine Flasche? Dagegen war früher der Wunsch nach einer Coke eine völlig eindeutige Angelegenheit.

Es ist ebenfalls eine Kunst für sich, den richtigen Preis für eine Marke festzulegen. Als *Lexus* begann, sich in den Vereinigten Staaten gegen *Mercedes* durchzusetzen, lehnte *Mercedes* Preissenkungen ab, um mit dem niedrigeren Preis des *Lexus* konkurrieren zu können. Einige *Mercedes*-Manager schlugen sogar höhere Preise vor, um deutlich zu machen, dass der Käufer eines *Mercedes* ein Prestige gewinnt, das ihm mit einem *Lexus* verwehrt bleibt.

Allerdings nimmt die Bereitschaft, Aufschläge für Markenprodukte zu bezahlen, deutlich ab. In der Vergangenheit konnte der Anbieter einer führenden Marke problemlos einen 15 bis 40 Prozent höheren Preis verlangen. Heute sind es, mit viel Glück, 5 bis 15 Prozent. Als die Produktqualität noch sehr unterschiedlich war, waren die Verbraucher auch bereit, für bessere Marken mehr zu bezahlen. Aber heute sind fast alle Marken von recht guter Qualität. Selbst die Eigenmarken der Handelsunternehmen sind gut. In manchen Fällen werden sie sogar vom Markenführer zu denselben Standards hergestellt. Warum also sollte man mehr Geld bezahlen (von Prestigemarken wie *Mercedes* abgesehen), um andere zu beeindrucken?

In Zeiten der Rezession gewinnt der Preis oft die Oberhand über die Markentreue. Denn manche Kunden sind einer Marke nur deshalb treu, weil sie zu träge sind, sich über Alternativen zu informieren, oder weil sie keine Alternativen sehen. Jemand drückte es so aus: »Es gibt nichts, was man nicht mit einem Rabatt von 20 Prozent beheben könnte.«

Für die Markenführung sind die Markenmanager zuständig. Aber der Markenexperte Larry Light glaubt nicht, dass die Marken in den heutigen Unternehmen gut geführt werden. Er klagt: »Marken müssen nicht untergehen. Sie können ermordet werden. Es gibt Drakulas im Marketing, die das Blut aus den Marken saugen. Sie verramschen und verniedlichen sie, gehen mit ihnen hausieren und treten sie mit Füßen. Wir verwalten das Kapital unserer Marken nicht, sondern wir liefern die Marken ans Messer – durch hausgemachte Fehler wie eine exzessive Betonung des Preises und der Umsatzquoten.«

Ein weiteres Problem besteht darin, dass sich die Strukturen im Markenmanagement oft gegen eine effektive Umsetzung des Kundenmanagements (Customer Relationship Management) sperren. Der Schwerpunkt liegt oft auf den Produkten und Marken, nicht aber auf den Kunden. Man könnte auch von einer allgemeinen *Kurzsichtigkeit im Markenmanagement* sprechen.

Die Marketingautoren Heidi und Don Schultz vertreten die Ansicht, dass das Konsumgütermodell immer unzulänglicher werde. Das gelte insbesondere für Serviceunternehmen, Technologiefirmen, Finanzdienstleister, Business-to-Business-Marken und sogar kleinere Konsumgüterunternehmen.²⁶ Sie glauben, dass die Verbreitung verschiedenster Systeme zur Übermittlung von Werbebotschaften die Macht der Massenwerbung unterhöhlt hat. Sie fordern die Unternehmen deshalb dazu auf, sich an einem neuen Paradigma zu orientieren, um ihre Marken in der New Economy aufzubauen:

- Unternehmen sollten ihre Grundwerte klären und ihre Marke dann sorgfältig entwickeln. Firmen wie *Starbucks, Sony, Cisco Systems, Marriott, Hewlett-Packard, General Electric* und *American Express* haben starke Firmenmarken aufgebaut. Der Verbraucher verbindet mit ihrem Namen Qualität und Werthaltigkeit.
- Unternehmen sollten die Markenmanager mit taktischen Aufgaben betrauen. Aber letztlich hängt der Erfolg der Marke davon ab, dass jeder Mitarbeiter das Nutzenversprechen der Marke akzeptiert und lebt. Prominente Firmenlenker wie Charles Schwab oder Jeff Bezos spielen eine immer wichtigere Rolle in der Entwicklung der Markenstrategien.
- Unternehmen müssen die Markenentwicklung so planen, dass sie an jedem Berührungspunkt positive Kundenerfahrungen ermöglicht – bei Veranstaltungen und Seminaren, bei Kontakten per Telefon oder E-Mail und bei persönlichen Kontakten.
- Unternehmen müssen die Essenz der Marke definieren. Nur so gewährleisten sie, dass das Markenversprechen überall eingelöst wird, wo auch immer der Verkauf stattfindet. Dabei kann die Umsetzung lokal durchaus unterschiedlich sein, solange der »Geist« der Marke erhalten bleibt und vermittelt wird.
- Unternehmen müssen das Nutzenangebot der Marke als Hauptmotor für die Entwicklung der Strategie, Abläufe, Dienstleistungen und Produkte einsetzen.
- Unternehmen müssen messen und kontrollieren, inwieweit ihre Bemühungen zum Markenaufbau effektiv sind. Dazu dürfen sie sich nicht auf die alten Messkriterien wie den Bekanntheitsgrad einer

Marke, die Wiedererkennung und die Erinnerung verlassen, sondern sie müssen einen umfassenderen Kriterienkatalog entwikkeln,, der auch den vom Kunden wahrgenommenen Wert, die Kundenzufriedenheit, den Anteil am Gesamtbedarf einzelner Kunden in bestimmten Produktkategorien (»Share of Wallet«), die Kundenbindung und die Kundenbeziehungen beinhaltet.

Marketing-Assets (Marketingkapital)

Unternehmen wiegen sich im Glauben, dass ihre Vermögenswerte vollständig in ihren Bilanzen erfasst seien: Sachanlagen, Forderungen, Umlaufvermögen und andere Posten. Dabei taucht ihr wahres Kapital im Rechnungswesen oft gar nicht auf. Die Marketing-Assets beschreiben das Kapital, das Marken, Mitarbeiter, Vertriebspartner, Lieferanten und geistiges Eigentum, darunter Patente, Marken und Urheberrechte, darstellen. Es handelt sich also um Werte, die nachhaltige Ertragschancen ermöglichen.

Man muss diese Überlegung noch einen Schritt weiterführen und auch die Kernkompetenzen und Kernprozesse als Vermögenswerte – Assets – betrachten. Alle besonderen Fähigkeiten und firmenspezifischen Prozesse sind Vermögenswerte. Durch die Strategie versucht das Unternehmen, seine Kompetenzen, Kernprozesse und die anderen Vermögenswerte so zu verknüpfen, dass es sich davon einen Sieg in den Marktschlachten verspricht.

Aber schränken Sie die Suche nach neuen Ertragschancen nicht von vornherein ein, indem Sie nur Ihre vorhandenen Werte und Ressourcen als Ausgangspunkte nehmen. Suchen Sie zunächst außerhalb des Unternehmens nach Chancen und prüfen Sie dann, ob Sie die erforderlichen Ressourcen und Kompetenzen schon besitzen oder ob es eine Möglichkeit gibt, sie zu beschaffen. Mich hat etwa die Bereitschaft von 3M, vielversprechende Chancen auch dann zu verfolgen, wenn die erforderlichen Ressourcen fehlten, immer sehr beeindruckt.

Ressourcen kann man jederzeit kaufen oder durch externe Anbieter bereitstellen lassen.

Marketingdurchführung und Marketing-Controlling

Es wird eine nicht endende Debatte darüber geführt, was wichtiger ist: die Strategie oder die Umsetzung. Peter Drucker meinte dazu: »Ein Plan bedeutet erst dann etwas, wenn er in Arbeit ausartet.« Aber ein schlechter Plan, der hervorragend umgesetzt wird, ist auch nicht besser als ein guter Plan, dessen Umsetzung zu wünschen übrig lässt. Es kommt eben auf beides an.

Es herrscht kein Mangel an Beispielen für gute Strategien, die schlecht umgesetzt wurden. Kodak lockte einmal mit einer Kamerawerbung Scharen von Kunden in die Geschäfte, wo sie erfuhren, dass die Geräte noch gar nicht eingetroffen waren. Eine Großbank warb in Anzeigen für einen neuen Sparplan, hatte es aber versäumt, das Produkt ihren Filalleitern zu erklären. Eine Ingenieurfirma wollte die Märkte des Nahen Ostens erschließen, fand aber keine geeigneten Personen, die Arabisch sprachen und zu einem Umzug bereit waren. Ein Hotel beschloss, den Service in den Mittelpunkt seines Nutzenangebots zu stellen, übertrug dann aber die Zuständigkeit dafür einem schwachen Manager, der mit einem winzigen Budget und zu wenig Personal zurechtkommen musste.

Pläne können nur dann gut umgesetzt werden, wenn die Mitarbeiter von ihnen überzeugt sind. Am besten ist ihre Unterstützung zu gewinnen, wenn man sie in den Planungsprozess einbezieht. Die Vertriebsabteilung akzeptiert einen neuen Marketingplan eher, wenn einer ihrer Verkäufer an der Entwicklung beteiligt war und wenn ihnen die Absatzziele und Preise plausibel erscheinen. Das Hauptbestreben eines Planers muss es deshalb sein, seinen Plan nach innen, nicht nach außen zu verkaufen.

Formen des Marketing-Controlling

Art des Controlling	Zuständigkeit	Zweck	Methode
I. Controlling des Jahres-plans	Topmanagement; mittleres Manage-ment	Prüfen, ob die geplanten Ergeb-nisse erreicht werden	- Verkaufsanalyse - Marktanalyse - Umsatz-Kosten-Verhältnis - Finanzanalyse - Scorecard-Analyse von Marktdaten
II. Controlling der Rentabili-tät	Marketing-Controller	Prüfen, ob das Unternehmen Geld verdient oder verliert	Rentabilität durch: - Produkt - Gebiet - Kunde - Segment - Absatzweg
III. Controlling der Effizienz	Linien- und Stabs-manager Marketing-Controller	Die Ausgaben-effizienz und die Auswirkung der Marketingausgaben beurteilen und ver-bessern	Effizienz von: - Vertriebsorganisation - Werbung - Verkaufsförderung - Distribution
IV. Strategisches Controlling	Topmanagement Marketing Auditor	Prüfen, ob das Un-ternehmen seine Chancen wahr-nimmt, die durch Märkte, Produkte und Absatzwege ge-geben sind	- Instrument zur Beurteilung der Marketing-Effektivität - Marketing-Audit - Prüfung der Marketingleistung - Prüfung der ethischen und sozialen Verant-wortung des Unter-nehmens

Im Rahmen des Marketing-Controlling werden dann die Schwachstellen bei der Umsetzung festgestellt. Vielleicht hat das Unternehmen den falschen Marketingmix gewählt, die falschen Zielgruppen angesprochen oder bei der Marktforschung geschludert. Es handelt sich dabei nicht um einen einmaligen Vorgang, sondern um verschiedene Werkzeuge, um sicherzustellen, dass das Unternehmen auf der richtigen Spur bleibt. Wie aus der Aufstellung auf Seite 104 hervorgeht, können diese Instrumente in vier Gruppen eingeteilt werden.[27]

Die Prozesse der Planung, der Umsetzung und der Kontrolle bilden ein System, das sich durch gegenseitige Rückmeldungen immer wieder befruchtet. Wenn Ihr Unternehmen seine Marketingziele verfehlt, hapert es entweder an der Umsetzung oder Ihr Plan ist schon wieder überholt und muss nachgebessert werden.

Marketingmix

Der Marketingmix beschreibt die Instrumente, mit denen ein Unternehmen den Absatz seiner Produkte beeinflussen kann. Der traditionelle Marketingmix setzt sich aus den so genannten »4 Ps« zusammen: Product (Produktgestaltung), Price (Preisgestaltung), Place (Distribution) und Promotion (Verkaufsförderung). Von Anfang an gab es Stimmen, die eine Erweiterung der 4P-Formel forderten.

- Parfümhersteller schlugen etwa vor, die Marketingaufgaben um die Verpackung – Packaging – als fünftes P zu erweitern. Die 4P-Verfechter wandten ein, die Verpackung sei schon unter dem P für die Produktgestaltung enthalten.
- Vertriebsmanager wollten wissen, warum man den Vertrieb vergessen habe. Darauf wurde erwidert, der Vertrieb sei – neben Werbung, Absatzförderung, Public Relations und Direktmarketing – ein Werkzeug der Verkaufsförderung.

- Die Kundendienstmanager fragten, wo der Service im Marketing angesiedelt sei und ob er etwa ausgeschlossen sei, weil er nicht mit einem »P« beginne. Darauf erwiderten die Hüter des 4 P-Konzepts, dass der Service ein Bestandteil der Produktgestaltung sei. Als der Kundenservice an Bedeutung gewann, kam aus der Ecke des Dienstleistungsmarketing der Vorschlag, die ursprünglichen 4 Ps um drei weitere Ps zu erweitern, nämlich *Personnel* (Personalpolitik), *Procedures* (Prozessmanagement) und *Physical Evidence* (Ausstattung). So hängt der Erfolg eines Restaurants etwa vom Personal, von den Prozessen (Buffet, Fastfood, Tischdecken etc.) und von der Ausstattung und vom Ambiente ab.
- Andere Experten schlugen vor, den Marketingmix um die *Personalisierung* zu erweitern. Im Marketing muss heute auch darüber entschieden werden, wie weit die Produktgestaltung, die Preisgestaltung, die Distribution und die Verkaufsförderung personalisiert werden.
- Von mir selbst stammt der Vorschlag, die 4 Ps um *Politics* (Unternehmenspolitik) und *Public Relations* zu erweitern, weil diese beiden Instrumente sich ebenfalls auf den Marketingerfolg auswirken.
- Ebenfalls von mir stammt der Vorschlag, das Gefängnis des Buchstaben P ganz zu verlassen und die Funktion jedes Instruments neu zu definieren:

Produktgestaltung	=	Konfiguration
Preisgestaltung	=	Bewertung
Place	=	Förderung
Promotion	=	Symbolisierung

Eine Kritik von grundsätzlicherer Bedeutung lautete jedoch, dass die 4 Ps aus Sicht der Verkäufer formuliert wurden, nicht aber der Käufer. Robert Lauterborn meinte deshalb, die Verkäufer sollten zuerst die 4 Cs berücksichtigen, bevor sie eine Entscheidung zu den 4 Ps trafen.[28] Die 4 Cs sind der Kundenwert oder *Customer Value* (anstelle der Produktgestaltung), die Kosten des Kunden oder *Customer Costs* (anstelle der Preisgestaltung), die Bequemlichkeit oder *Convenience* (anstelle der Distribution) und die Kommunikation oder *Communication* (anstelle der Absatzförderung). Hat ein Vermarkter die 4 Cs für den Zielkunden bestimmt, fällt es ihm viel leichter, die 4 Ps festzulegen.

Die einzelnen Marketinginstrumente können unterschiedlich gewichtet werden. Ein Autohändler beschäftigte zehn Verkäufer und verlangte durchschnittliche Preise. Sein Umsatz war miserabel. Dann entließ er fünf Mitarbeiter und senkte die Preise deutlich. Prompt florierte sein Geschäft. Auch der Umsatz von *Amazon* schoss in die Höhe, als Jeff Bezos den Werbeetat kürzte und die Buchpreise senkte.

Die Schwierigkeit bei der Festlegung der 4 Ps besteht darin, dass sie sich gegenseitig beeinflussen. Das Beispiel des Wechselspiels von Produktgestaltung und Distribution illustriert dies:

- Für das Produkt wird eine 0 und die Distribution eine 1 gewählt. Was ergibt sich aus 0 x 1? Antwort: 0.
- Für das Produkt wird eine 1 und die Distribution eine 0 gewählt. Was ergibt sich aus 1 x 0? Antwort: 0.
- Für das Produkt wird eine 1 und für die Distribution ebenfalls eine 1 gewählt. Was ergibt sich aus 1 x 1? Antwort: 1.

Die Marketinginstrumente müssen so ausgewählt werden, dass sie auf die jeweilige Phase des *Produktlebenszyklus* abgestimmt sind. So zahlen sich Werbung und Publicity in der Einführungsphase eines Produkts am meisten aus. Sie machen das Produkt bei den Konsumenten bekannt und wecken Interesse dafür. Die Absatzförderung und der persönliche Verkauf spielen eine wichtigere Rolle, wenn sich das Produkt in der Reifephase befindet. Durch das Instrument des persönlichen Verkaufs lernt der Kunde die Vorteile des Produkts besser kennen und gelangt eher zur Überzeugung, dass das Angebot lohnenswert ist. Die Absatzförderung wiederum sollte eingesetzt werden, wenn es an der Zeit ist, unmittelbar eine Kaufentscheidung herbeizuführen. In der Sättigungs- und Degenerationsphase sollte das Unternehmen zwar noch Absatzförderung betreiben, aber schon beginnen, die Ausgaben für Werbung, Publicity und den persönlichen Verkauf zurückzuschrauben.

Der Marketingleiter einer großen europäischen Fluglinie wollte den Marktanteil der Gesellschaft ausbauen. Seine Strategie lautete, die Kundenzufriedenheit zu steigern, indem er besseres Essen, sauberere Kabinen, besser geschulte Kabinen-Crews und niedrigere Ticketpreise anbot. Allerdings konnte er diese Faktoren gar nicht beeinflussen. Die Catering-Abteilung bestellte preiswerte Menüs, die Wartungsabteilung sparte am Reinigungspersonal, die Personalabteilung achtete bei der Einstellung von Besatzungsmitgliedern nicht auf das Kriterium der Freundlichkeit und die Ticketpreise wurden in der Finanzabteilung festgelegt. Da all diese Abteilungen ihre Aufgaben vorwiegend unter Kostengesichtspunkten sahen, befand sich der Marketingleiter mit seinem Wunsch, einen integrierten Marketingmix zu schaffen, in einer Sackgasse.

Die Gewichtung der Instrumente ist auch von der Unternehmensgröße abhängig. Ein Marktführer kann sich ein höheres Werbebudget leisten und setzt die Mittel der Absatzförderung sparsamer ein. Kleinere Konkurrenten dagegen setzen eher auf aggressivere Verkaufsförderungsmaßnahmen.

Marketer im Konsumgüterbereich neigen dazu, die Werbung dem persönlichen Verkauf vorzuziehen, während es sich im Firmenkundengeschäft umgekehrt verhält. Aber auf beiden Märkten benötigt man beide Instrumente.

Die Marketingspezialisten im Konsumgüterbereich, die auf *Push-Strategien* setzen, sind darauf angewiesen, dass die Vertriebsmitarbeiter die Händler überzeugen, das Produkt dem Endkunden möglichst schmackhaft zu machen. Setzen sie dagegen auf *Pull-Strategien*, rücken die Instrumente der Werbung und Verkaufsförderung in den

Vordergrund, mit denen die Kunden in die Geschäfte gelockt werden. Ein erfolgreiches Marketing ist nur dann möglich, wenn Sie das Zusammenspiel der Instrumente des Marketingmix erkennen und die einzelnen Mittel gezielt einsetzen. Leider liegt die Verantwortung für die einzelnen Instrumente noch viel zu oft in den Händen verschiedener Mitarbeiter oder Abteilungen. Ein integriertes Marketing ist dann kaum machbar.

Marketingplanung

Jedes Unternehmen benötigt eine Vision. Eine Vision wiederum erfordert eine Strategie, eine Strategie verlangt nach einem Plan, und ein Plan bedarf der Umsetzung. Ein japanisches Sprichwort besagt: »Eine Vision ohne Handeln ist ein Tagtraum. Handeln ohne eine Vision ist ein Alptraum.« Deshalb müssen Sie einen detaillierten Marketingplan erstellen. Am besten bezeichnen Sie ihn gleich als *Schlachtplan*. Dieser Plan sollte Ihnen das Vertrauen geben, dass Sie den Krieg gewinnen, noch bevor die erste Schlacht begonnen hat. Wenn Sie nichts Besseres, Neueres, Schnelleres oder Billigeres einführen, sollten Sie erst gar nicht auf den Markt gehen.

Die Marketingplanung besteht aus sechs Schritten: Situationsanalyse, Ziele, Strategie, Taktiken, Budget und Kontrollen.

1. *Situationsanalyse.* Das Unternehmen analysiert die *Makrokräfte* (wirtschaftliche, politische und rechtliche, gesellschaftlich-kulturelle und technologische Einflussfaktoren) sowie die *Akteure* (Unternehmen, Wettbewerber, Händler und Lieferanten) in seinem Umfeld. Es führt eine SWOT-Analyse durch (Stärken und Schwächen, Chancen und Risiken). Zutreffender wäre es, von einer TOWS-Analyse zu sprechen (Risiken und Chancen, Schwächen und Stärken), weil der Blickwinkel von außen nach innen und nicht umgekehrt gerichtet sein sollte. Eine SWOT-Analyse birgt die Ge-

fahr, dass man sich zu sehr auf interne Faktoren konzentriert und nur diejenigen Risiken und Chancen erkennt, die mit den Stärken des Unternehmens zusammenhängen.

2. *Ziele.* Haben sich aus der Situationsanalyse die größten Chancen herauskristallisiert, ordnet das Unternehmen sie in der Reihenfolge ihrer Bedeutung und legt Ziel- und Terminvorgaben fest, um sie wahrzunehmen. Weiterhin legt es Ziele fest, die mit den Anspruchsgruppen des Unternehmens, seinem Ruf, seinen technologischen Entwicklungen und anderen wichtigen Fragen zusammenhängen.

3. *Strategie.* Jedes Ziel kann auf unterschiedliche Weise verfolgt werden. Es ist Aufgabe der Strategie, den effektivsten Handlungsweg festzulegen, um die Ziele zu erreichen.

4. *Taktik.* Die Strategie muss unter Berücksichtigung der 4 Ps, der Terminvorgaben und der konkreten Zuständigkeiten einzelner Mitarbeiter detailliert aufgeschlüsselt werden.

5. *Budget.* Die geplanten Maßnahmen des Unternehmens sind mit Kosten verbunden, die im Budget bereitgestellt werden müssen.

6. *Kontrollen.* Das Unternehmen legt Kontrollzeiträume und Kennziffern fest, an denen sich ablesen lässt, ob es die erforderlichen Fortschritte macht. Ist dies nicht der Fall, muss es seine Ziele, Strategien oder Handlungen überprüfen und Korrekturen vornehmen.

Es dient der Erleichterung des Planungsprozesses, wenn ein Standardformat für Pläne ausgearbeitet wird, das alle Abteilungen und Produktgruppen verwenden können. Auf diese Weise ist es der Planungs- oder Strategieabteilung möglich, die Pläne zu überprüfen, zu vergleichen und zu beurteilen. So hat ein großes multinationales Unternehmen eine Planungsabteilung eingerichtet, die alle Pläne anhand eines Punktesystems bewertet, bevor sie genehmigt werden. Dabei wendet die Abteilung unter anderem folgende Kriterien an:

- Ist die Situationsanalyse umfassend genug?
- Erscheinen die Ziele vor dem Hintergrund der Situationsanalyse vernünftig und erreichbar?

- Scheint die Strategie geeignet, um die Ziele zu erreichen?
- Sind die Taktiken auf die Strategie abgestimmt?
- Ist die erwartete Rendite ausreichend und realistisch?

Fallen die Pläne bei dieser Prüfung durch, werden sie zur Überarbeitung an die Abteilung oder Produktgruppen zurückgegeben. Die Verwendung einer Planungssoftware ermöglicht es, die Pläne schnell zu überarbeiten und Verbesserungsvorschläge oder unvorhergesehene Umstände einzubeziehen. In fortgeschrittenen Systemen können Modelle entwickelt werden, anhand derer das Unternehmen beurteilt, wie sich Veränderungen des Werbebudgets, der Zahl der Vertriebsmitarbeiter oder der Preisgestaltung auf Umsatz und Gewinn auswirken könnten. Die *Hudson River Group* etwa hat Simulationsmodelle entwickelt, mit deren Hilfe Unternehmen ihre Marketingressourcen optimal gewichten und einsetzen können.

Der Vorteil der Marketingplanung liegt weniger im Plan selbst als im Prozess der Planung. Dwight Eisenhower merkte an: » Bei der Vorbereitung auf eine Schlacht habe ich immer festgestellt, dass Pläne völlig nutzlos sind, aber die Planung ist unerlässlich.«

Kein Schlachtplan überlebt die erste Schlacht. Er muss ständig überarbeitet werden, während die Kämpfe noch im Gang sind. Sie müssen Ihr Flugzeug umbauen, noch während es in der Luft ist.

Achten Sie darauf, mit der Planung nicht mehr Zeit als mit dem Handeln zu verbringen. Professor James Brian Quinn sagte: » Ein Großteil der Unternehmensplanung ... gleicht einem rituellen Regentanz. Er hat keinerlei Auswirkung auf das Wetter.« Ein Schlachtplan an sich ist nichts wert. Planen Sie, aber schreiten Sie dann zur Tat. Marketingpläne bringen keinen Dollar Gewinn ein, wenn Sie nicht umgesetzt werden. Aber verwechseln Sie Aktionismus nicht mit Handeln.

Die besten Unternehmen sind jene, die häufiger als andere das Richtige tun (Effektivität) und das Richtige außerdem noch besser als andere tun (Effizienz).

Marktchancen

Marktchancen gibt es in Hülle und Fülle, große und kleine. Wir warten noch immer auf ein wirksames Mittel gegen Krebs, auf schmackhafte kalorienarme Speisen, auf funktionierende Verfahren zur Gewichtsabnahme und auf fliegende Autos, in denen wir über verstopfte Straßen dahingleiten können. Während wir warten, könnten wir versuchen, unsere bereits existierenden Produkte zu verbessern – auch hier bieten sich zahlreiche Möglichkeiten.

Halten Sie nach Problemen Ausschau. Viele Menschen beklagen sich darüber, dass sie Schwierigkeiten haben, nachts durchzuschlafen, das Durcheinander in ihrer Wohnung in den Griff zu bekommen, eine preiswerte Urlaubsunterkunft zu finden, ihren Familienstammbaum zurückzuverfolgen oder ihren Garten vom Unkraut zu befreien. Für alle Probleme kann es verschiedene Lösungen geben. Der verstorbene John Gardner, Gründer von *Common Cause*, meinte: »Jedes Problem ist eine genial verkleidete Chance.«

Achten Sie auf Trends. Hier kann Ihnen die Liste mit 16 Trends der amerikanischen Trendforscherin Faith Popcorn sicherlich wertvolle Hilfe leisten. Auf dieser Liste finden sich Trends wie *Cocooning*, *Down-Aging* und *Cashing Out*. *Cocooning* bezeichnet den Trend, es sich in den eigenen vier Wänden gemütlich zu machen, weil es in der Welt dort draußen immer rauer und härter zugeht. Hier könnte sich ein Unternehmen beispielsweise überlegen, mit welchen Produkten Wohnungen behaglicher gestaltet werden können – ob durch Möbel, elektrische Geräte oder Unterhaltungsprodukte. Der Trend des *Down-Aging* bedeutet, dass sich viele Menschen jünger fühlen wollen, als sie sind – weshalb die Nachfrage nach Antifaltencremes, Schönheitsoperationen und *Jaguars* so sprunghaft ansteigt. Hinter dem *Cashing Out* verbirgt sich der Traum vom Aussteigen: Die Menschen kehren der Hektik des Alltags den Rücken und wünschen sich ein einfacheres, beschauliches Leben wie auf dem Land.

Lassen Sie Ihren Worten über Marktchancen auch Taten folgen. Entscheidend ist, dass Sie gut vorbereitet sind, wenn Sie auf eine

Chance stoßen. Unternehmen müssen Geschichte schreiben oder sie sind schon bald vergangen und vergessen. Jemand verglich einmal die Marktnachfrage mit einem Fluss mit starker Strömung: Wenn Sie Ihre Angel nicht schnell genug auswerfen, werden Sie keinen Fisch aus dem Wasser ziehen. Mark Twain musste einräumen: »Ich habe Gelegenheiten in den meisten Fällen erst erkannt, wenn es keine mehr waren.«

Die größten Marktchancen haben heute Unternehmen, die so strukturiert und aufgestellt sind, dass sie zu geringeren Preisen als die Wettbewerber anbieten und dennoch profitabel arbeiten können. Das ist das Geheimnis von *Wal-Mart, Southwest Airlines, IKEA* und *Dollar General*. Diese Unternehmen haben ihre jeweiligen Branchen neu erfunden und können wesentlich günstiger kalkulieren als die Konkurrenz. Angesichts der wachsenden Zahl von Familien mit geringem Einkommen ist es diesen Anbietern gelungen, Millionen von treuen Kunden an sich zu binden.

In ihrem Buch *When Giants Learn to Dance* schreibt Rosabeth Moss Kanter: »In den kommenden Jahren werden jene am erfolgreichsten sein, die lernen, Träume und Disziplin in ein ausgewogenes Verhältnis zu bringen. Die Zukunft wird den Unternehmen gehören, die das Potenzial größerer Chancen nutzen, gleichzeitig jedoch um die Realität begrenzter Ressourcen wissen und neue Lösungen finden, die es erlauben, aus weniger mehr zu machen.«[29]

Wie sagte Ralph Waldo Emerson? »Diese Zeit ist – wie alle Zeiten – eine großartige Zeit, vorausgesetzt, wir wissen etwas mit ihr anzufangen.«

Marktforschung

In der Anfangszeit der Marktforschung spielte das Ziel der Umsatzsteigerung eine wichtigere Rolle als das Ziel, die Kunden besser kennen zu lernen und zu verstehen. Die Marktforscher begrüßten die Entwicklung von Audit-Modellen für die Ladenorganisation, von Lagerinformationssystemen und von Kundenpanels, die ihnen wichtige Informationen über die Produktbewegungen lieferten.

Im Lauf der Zeit erkannten die Marketingexperten aber, dass es immer wichtiger wurde, die Käufer zu verstehen und mehr über sie zu erfahren. Fokusgruppen, Fragebögen und Umfragen kamen in Mode. Heute ist jedem im Marketing klar, dass man die Käufer auf der Ebene der Segmente und oft auch auf der individuellen Ebene verstehen muss. Ein altes spanisches Sprichwort lautet: »Ein guter Stierkämpfer muss als Erstes lernen, ein Stier zu sein.«

Den Marketingspezialisten steht heute ein ganzes Arsenal von Marktforschungstechniken zur Verfügung, um Kunden und Märkte, aber auch die eigene Effektivität besser zu verstehen. Die wichtigsten derzeit eingesetzten Methoden sind folgende:

- *Paco Underhill*, Autor von *Why We Buy*, hat das Unternehmen *Environsell* gegründet, um das Kundenverhalten in Geschäften zu untersuchen.[30] Die Marktforscher begeben sich ausgerüstet mit Clipboards, Tabellen und Videokameras in die Geschäfte, um die Bewegungen der Käufer aufzuzeichnen. Sie sind »Marketing-Anthropologen«, die jährlich über 70.000 Einkäufer in ihrer »natürlichen Umgebung« beobachten. Unter anderem haben sie Folgendes herausgefunden:
  - Ladenbesucher gehen fast immer rechts.
  - Frauen meiden enge Gänge mit einer höheren Wahrscheinlichkeit als Männer.
  - Männer gehen schneller durch die Gänge als Frauen.
  - Ladenbesucher verlangsamen ihr Tempo, wenn sie reflektierende Oberflächen sehen, und beschleunigen es auf freien Flächen.
  - Ladenbesucher nehmen auf den ersten zehn Metern nach dem Eingang kaum Hinweisschilder oder Plakate wahr.
- *Beobachtung in den Haushalten*. Die Marktforscher werden in die Haushalte geschickt, um dort zu untersuchen, wie Haushaltsmitglieder mit Produkten umgehen. *Whirlpool* etwa schickte Markt-

forscher in Haushalte, um zu untersuchen, wie die Haushaltsmitglieder große Elektrogeräte benutzten. *Ogilvy & Mather* schickte Marktforscher mit Videokameras in die Haushalte, um einen 30-minütigen »Highlight-Streifen« über den Umgang mit verschiedenen Produkten zu drehen.

- *Weitere Beobachtungen.* Marktforschung lässt sich überall betreiben. Japanische Autohersteller beobachteten auf Supermarktparkplätzen, wie sich die amerikanischen Hausfrauen abmühten, ihre Einkäufe in den Kofferraum ihrer Autos zu hieven, und entwickelten daraufhin ein besseres Kofferraumdesign. Führungskräfte bei *McDonald's* arbeiten einmal jährlich im Verkauf, um unmittelbare Kundenkontakte zu erleben. Die Marketingmitarbeiter können sehr viel lernen, wenn sie sich selbst den kritischen Augen der Kunden aussetzen.

- *Fokusgruppen.* Unternehmen bilden vor Produktlancierungen häufig Fokusgruppen, die unter Anleitung eines erfahrenen Moderators über ein Produkt oder eine Dienstleistung sprechen. Eine Fokusgruppe kann aus sechs, aber auch aus 109 Mitgliedern bestehen, die einige Stunden damit verbringen, auf die Fragen des Moderators und die Kommentare untereinander zu antworten. Für gewöhnlich wird die Sitzung mit Video aufgezeichnet und später von den zuständigen Managern besprochen. Fokusgruppen sind zwar ein wichtiges Instrument, um sich ein vorläufiges Bild zu verschaffen, aber die Ergebnisse können nicht auf die Bevölkerung insgesamt übertragen werden und sind deshalb mit Vorsicht zu genießen.

- *Fragebögen und Umfragen.* Je größer die Stichproben bei Umfragen sind, desto repräsentativer sind ihre Ergebnisse. Stichproben werden mithilfe statistischer Methoden gebildet. Die ausgewählten Personen werden persönlich oder per Telefon, Fax, Post oder E-Mail angesprochen. Die Fragebögen enthalten in der Regel Fragen, die kodierbar und zählbar sind, sodass sich ein quantitatives Bild der Meinungen, Einstellungen und Verhaltensweisen der Kunden ergibt. Wenn auch persönliche Angaben gemacht werden, kann der Befrager aus den demografischen und psychografischen Merkmalen der Befragten Zusammenhänge ableiten. Allerdings sollte er nicht vergessen, dass sich mögliche Verfälschungen ergeben können, wenn etwa die Rücklaufquote niedrig ist, die Fragen zu ungenau formuliert wurden oder bestimmte Anforderungen an den Befragungsprozess nicht eingehalten wurden.

- *Weitergehende Befragungstechniken.* Fragebögen haftet manchmal das Image vom »Nasenzählen« an. Viele Marktforscher ziehen es mittlerweile vor, die Gedanken und Motive der Verbraucher eingehender zu erforschen. Vor Jahren entwickelte etwa der Freudianer Ernest Dichter eine Methode der »Motiv-Erforschung«, bei der er unbewusste oder unterdrückte Wünsche der Teilnehmer aufdeckte. Seine Ergebnisse waren zwar manchmal bizarr, aber immer interessant. So verkündete er, die Verbraucher kauften deshalb so wenig Pflaumen, weil Pflaumen faltig seien und an das Alter erinnerten. In der Werbung sollten folglich »glückliche junge Pflaumen« angeboten werden. Er meinte auch erkannt zu haben, dass Frauen nur dann zu Backmischungen griffen, wenn sie noch ein frisches Ei dazugeben mussten, weil sie das Gefühl haben wollten, an der »Geburt« eines »lebendigen Kuchens« mitzuwirken. Dichters Ergebnissen fehlte es an »Nachweisbarkeit« und »Übertragbarkeit«, aber sie waren für Vermarkter und Werber stets interessant.[31] Eine neuere Technik, die *Zaltman Metaphor Elicitation Technique (ZMET)*, stammt von Professor Gerald Zaltman. Dabei wird versucht, die verbal orientierte linke Gehirnhälfte zu umgehen und in die rechte Gehirnhälfte und das Unbewusste einzutauchen. In *ZMET*-Gruppen werden Verbraucher aufgefordert, Bilder zu sammeln und Collagen zu erstellen, um sie dann in Interviews zu besprechen. Die *ZMET*-Methode nimmt für sich in Anspruch, Einblicke in Themen und Interessen der Verbraucher zu ermöglichen, die bei rein verbal geführten Untersuchungen nicht ans Tageslicht kommen.[32]
- *Marktexperimente.* Die wissenschaftlich fundierteste Methode der Marktforschung besteht darin, aufeinander abgestimmten Kun-

dengruppen verschiedene Angebote zu präsentieren und die Unterschiede in ihren Antworten und Reaktionen zu analysieren. Marktforscher wenden sich etwa mit unterschiedlichen Werbeslogans, Preisen oder Werbeaktionen an verschiedene Kundengruppen, um zu analysieren, womit sie beste Erfolge erzielen. Wenn auch Störgrößen berücksichtigt werden, sind Aussagen darüber möglich, welche Angebote welche Reaktionen hervorgerufen haben.

- *Testkäufer.* Unternehmen engagieren Testkäufer, die prüfen, wie gut die Mitarbeiter mit schwierigen Fragen von Kunden umgehen, wie souverän die Telefonmitarbeiter Anrufe beantworten, wie leicht es ist, die Waren in einem Geschäft zu finden und vieles andere mehr. Testkäufe dienen dazu, die Marketingeffektivität eines Unternehmens oder Konkurrenten zu bewerten, weniger dazu, die Bedürfnisse oder Wünsche der Kunden zu verstehen.
- *Data Mining.* Unternehmen mit großen Kundendatenbanken können Statistiker beauftragen, aus der Masse der Daten neue Segmente oder neue Trends herauszufiltern, die dem Unternehmen neue Chancen eröffnen könnten.

Denken Sie daran: Die Marktforschung ist nur ein erster Schritt, der die Grundlage einer effektiven Entscheidungsfindung im Marketing bildet. Herbert Baum, CEO von *Hasbro Inc.*, meinte: »Die Marktforschung ist von wesentlicher Bedeutung für den Marketingprozess. Ich glaube nicht, dass man bei den Marketingüberlegungen auf Studien und andere Instrumente ganz verzichten könnte, weil dann zu viel Zeit und Geld verschwendet würde.«

Marktsegmentierung

Wenn man Unternehmen wie *Sears* oder *Coca-Cola* früher fragte, wer denn ihre Kunden seien, erhielt man die einhellige Antwort »jeder«. Ein Vermarkter kann jedoch nur schwerlich alle Menschen in einem

Markt zufrieden stellen. Nicht jeder mag die gleiche Kamera, den gleichen Kinderwagen, das gleiche Café oder gleiche Konzert. Somit steht ein Marketingspezialist zunächst vor der Aufgabe, den Markt aufzugliedern.

Firmen, die sich vom Konzept des Massenmarkts abwandten, begannen mit der Identifizierung großer *Marktsegmente*. *Procter & Gamble* definierte den Zielmarkt für den Verkauf seiner Backmischung *Duncan Hines* wie folgt: »verheiratete Frauen zwischen 35 und 50 Jahren mit Familie«. Später wechselten Unternehmen von großen Segmenten zu kleineren Marktnischen. *Estée Lauder* könnte ein Produkt für »weibliche, berufstätige amerikanische Farbige zwischen 25 und 35 Jahren« entwerfen. Einige Firmen haben schließlich auch das kleinstmögliche Segment ins Visier genommen, nämlich den einzelnen Kunden (*Einzelkundensegment*).

Heute begehen Unternehmen häufiger den Fehler der Untersegmentierung als den der Übersegmentierung. Sie stellen sich mehr potenzielle Käufer für ihr Angebot vor, als tatsächlich existieren. Um diesen Fehler zu vermeiden, sollte der Markt je nach Kaufwahrscheinlichkeit der potenziellen Kunden in verschiedene Ebenen aufgeteilt werden. Die erste Ebene besteht aus jenen Kunden, die mit der größten Wahrscheinlichkeit auf das Angebot reagieren. Für diese Gruppe sollte im Hinblick auf ihre demografischen und psychografischen Eigenschaften ein Profil erstellt werden. Anschließend wird – abhängig von der Kaufwahrscheinlichkeit – eine Käufergruppe zweiten Rangs und eine Gruppe dritten Rangs definiert. Das Unternehmen richtet sich dann mit seinen Verkaufsbemühungen zuerst an die erstgenannte Gruppe. Wenn diese nicht reagiert, stimmt entweder die Marktsegmentierung nicht oder das Angebot stößt nur auf geringes Interesse.

Segmente können auf dreierlei Weise festgelegt werden. Der traditionelle Ansatz beruht darauf, den Markt nach *demografischen Merkmalen* in Gruppen einzuteilen, beispielsweise »Frauen zwischen 35 und 50 Jahren«. Dieses Vorgehen hat den Vorteil, dass die betreffende Gruppe leicht erreicht werden kann. Allerdings besteht kein Anlass zu der Vermutung, dass die Mitglieder der Gruppe ähnliche Bedürfnisse oder eine ähnliche Kaufbereitschaft aufweisen. Die demografische Segmentierung teilt den Markt eher in Bevölkerungs*sektoren* als in Bevölkerungs*segmente* auf.

Eine weitere Möglichkeit liegt darin, den Markt in Gruppen mit bestimmten Bedürfnissen zu segmentieren, beispielsweise »Frauen, die beim Lebensmitteleinkauf Zeit sparen wollen«. Dieses klar definierte Bedürfnis kann mit verschiedenen Lösungen befriedigt werden. So kann ein Supermarkt telefonische Bestellungen aufnehmen oder einen Online? Bestellservice einrichten und die Waren ausliefern. Anschließend sollten die demografischen oder psychografischen Merkmale dieser Frauen ermittelt werden, wie der Bildungsgrad oder das Einkommensniveau.

Der dritte Ansatz besteht in der Aufgliederung des Marktes nach dem *Verhalten* von Personen. Ein Beispiel hierfür wäre die Gruppe der »Frauen, die ihre Lebensmittel bei *Peapod* oder anderen Lieferdiensten bestellen«. Diese Gruppe definiert sich durch ihr tatsächliches Verhalten, nicht durch ihre Bedürfnisse, und der Marketinganalyst kann dann nach gemeinsamen Eigenschaften bei den betreffenden Personen suchen.

Sobald Sie ein bestimmtes Marktsegment identifiziert haben, stellt sich die Frage, ob es innerhalb Ihrer bestehenden Organisation bedient werden oder als eigenes Geschäft geführt werden sollte. Im letztgenannten Fall spricht Nirmalya Kumar von einem *strategischen Segment*. Lebensmittelhersteller wie *Kraft* und *Unilever* beispielsweise richten ihr Augenmerk vornehmlich auf den Einzelhandel und erst in zweiter Linie auf die Hotellerie und Gastronomie. Dieses Segment erfordert andere Mengen, andere Verpackungen und andere Verkaufssysteme. Es handelt sich um ein strategisches Segment, das unabhängig vom Einzelhandelsgeschäft geführt werden muss, eine eigene Strategie erfordert und ein eigenes Anforderungsprofil besitzt.

Mitarbeiter

Ihr Unternehmen besteht aus Ihren Mitarbeitern! Ob Ihre Marketingpläne gelingen oder scheitern, entscheiden Ihre Mitarbeiter. Nicht um-
sonst schrieb Hal Rosenbluth, Inhaber einer großen Reiseagentur, ein
Buch mit dem Titel *The Customer Comes Second*.33 Denn nicht der
Kunde, sondern der Mitarbeiter komme an erster Stelle, wie er meinte.
Ganz besonders trifft seine Aussage auf Dienstleister zu, denn diese
stehen immer in intensivem Kontakt zu ihren Kunden. Wenn der Ho-
telangestellte launisch oder die Kellnerin gelangweilt ist und wenn der
Buchhalter Telefonanrufe nicht beantwortet, wandern die Kunden ab.
Deshalb funktionieren Unternehmen wie *Rosenbluth Travel, Marriott*
und *British Airways* nach folgendem Rezept: Zuerst müssen die Mitarbeiter geschult werden, damit sie freundlich, kompetent und zuverlässig sind. Damit gewinnt das Unternehmen zufriedene Kunden, die
wiederkommen, und dies wiederum beschert den Aktionären nachhaltigen Gewinn.

Anita Roddick, Gründerin von *Body Shop*, bläst in das gleiche
Horn: »Unsere Leute [Mitarbeiter] sind meine wichtigsten Kunden.«
Sie versucht, die Bedürfnisse ihrer Mitarbeiter zu verstehen und zu
erfüllen. *Walt Disney* vertrat dieselbe Ansicht: »Sie werden nie großartige Kundenbeziehungen haben, solange Sie keine guten Mitarbei-
terbeziehungen haben.« So wie sich Ihre Mitarbeiter fühlen, werden
sich letztlich auch Ihre Kunden fühlen.

Manche Unternehmen scheuen keine Mühe, die richtigen Mitarbeiter zu finden. Es herrscht weniger ein Mangel an Arbeitskräften
als an Talenten. Die Mitarbeiter, die Sie heute einstellen, schaffen Ihre
Zukunft von morgen. *Southwest Airlines* wählt neue Mitarbeiter nach
strengen Persönlichkeits- und Charaktermerkmalen aus. Nur 4 Prozent der 90.000 Bewerber jährlich werden eingestellt. Aber nach der
Einstellung sorgt die Fluggesellschaft dafür, dass sie ihren Mitarbeitern nicht nur einen Job, sondern eine Laufbahn bietet.

Ein Unternehmen, das seine Mitarbeiter schlecht bezahlt, bekommt
im Gegenzug auch schlechte Leistungen. Wer Peanuts bezahlt, darf

sich nicht wundern, wenn sich Affen um ihn scharen, oder anders ausgedrückt: Wie der Lohn, so die Arbeit. Es kostet sehr viel Geld, abwandernde Mitarbeiter zu ersetzen. Talentierte und motivierte Mitarbeiter zu finden und zu halten ist einer der Schlüssel zum Geschäftserfolg.

Gute Unternehmen bezahlen großzügig. Sie ziehen die besten Mitarbeiter an, die für die höhere Bezahlung ein Vielfaches dessen leisten, was von durchschnittlichen Mitarbeitern zu erwarten ist. Unter den besten Mitarbeitern herrscht eine niedrigere Fluktuationsrate, es kostet weniger, sie einzustellen, weil sie von sich aus zu den guten Arbeitgebern strömen, und sie verursachen weniger hohe Schulungskosten, weil sie schon mehr Fähigkeiten mitbringen.

Die Bezahlung ist aber nur einer von mehreren Bestandteilen eines guten Mitarbeitermanagements. Unternehmen sind menschliche und soziale Organisationen, keine Roboter. Die Mitarbeiter möchten einem Unternehmen angehören, für das es sich lohnt, sich anzustrengen, und das einen wertvollen Beitrag leistet. Gary Hamel sagte: »Rufen Sie ein Anliegen, kein Geschäft ins Leben.«

Unternehmen müssen nicht nur für ihre Kunden, sondern auch für ihre Mitarbeiter ein überzeugendes *Nutzenangebot* entwickeln. Das Ziel des *internen Marketing* lautet, die Mitarbeiter als Kundengruppe zu behandeln. Gute Unternehmen geben auch den Beschäftigten auf den unteren Hierarchieebenen das Gefühl, Respekt zu verdienen:

- Bill Pollard, ehemaliger Chairman von *ServiceMaster*, handelte nach dem Motto: »Jeder Mitarbeiter verdient Würde und Wertschätzung.« Als einmal jemand bei einer Vorstandssitzung versehentlich Kaffee auf dem Teppich verschüttete, wurde ein Hausmeister gerufen. Bill nahm ihm das Reinigungsmittel ab und kniete sich hin, um den Teppich selbst zu reinigen und es dem Hausmeister zu ersparen, dies unter den Augen aller Vorstandsmitglieder zu tun. »Nur wer andere respektiert, wird selbst respektiert.« (Sara Lawrence-Lightfoot, Harvard Graduate School of Education)

- Eines Tages beklagte sich ein Manager der *Southwest Airlines* beim damaligen Chef der Fluggesellschaft, Herb Kelleher: »Jeder Buchungsangestellte kann leichter ein Treffen mit Ihnen vereinbaren als ich.«»Stimmt«, erwiderte Herb. »Das liegt daran, dass er wichtiger ist.« Herb Kelleher benannte daraufhin die Personalabteilung in die Menschenabteilung um. Außerdem nannte er die Marketingabteilung in die Kundenabteilung um.

Die Mitarbeiter eines Unternehmens können die wichtigste Quelle seiner Wettbewerbsvorteile sein. John Thompson von *Heidrick & Struggles* rät: »Stellen Sie weniger und klügere Leute ein, die den Kunden schneller mehr Wert liefern.« Jeff Bezos von *Amazon* meint: »Wir suchen Mitarbeiter, die von sich aus den Drang verspüren, sich intensiv auf die Kunden zu konzentrieren.«

Unternehmen müssen ihren Mitarbeitern ihre Markenwerte einimpfen. *Intel* erwartet von ihnen »Risikobereitschaft«, *Disney* »Kreativität« und *3M* »Innovationsfreude«. Manche Unternehmen verknüpfen auch einen Teil der Bezahlung mit der Beachtung der Unternehmenswerte. *General Electric* macht 50 Prozent der leistungsabhängigen Gehaltsanteile von der Beachtung der Unternehmenswerte abhängig. *Cisco* bezahlt 20 Prozent der Boni in Abhängigkeit von der Kundenzufriedenheit. Die Unternehmen sollten aber noch weiter gehen und hervorragende Mitarbeiterleistungen durch Anerkennungsprogramme, Artikel in Newsletters, Auszeichnungen und Ähnliches belohnen. John Kotter und Jim Heskett weisen in *Corporate Culture and Performance*[34] empirisch nach, dass Unternehmen mit starken, auf gemeinsamen Werten basierenden Kulturen weit bessere Leistungen erbringen als Unternehmen mit schwachen Kulturen.

Die Mitarbeiter müssen verstehen, dass sie nicht für das Unternehmen, sondern für den Kunden arbeiten. Jack Welch von *General Electric* trichterte seinen Mitarbeitern unermüdlich ein: »Niemand kann Ihren Job sichern. Nur die Kunden können ihn sichern.« Sam Walton von *Wal-Mart* formulierte es so: »Der Kunde ist der Einzige, der uns alle feuern kann.« Larry Bossidy, Chairman von *Honeywell In-*

ternational, Inc., gab dieselbe Parole aus: »Nicht das Management beschließt, wie viele Mitarbeiter auf der Gehaltsliste stehen, sondern die Kunden.« Manche Unternehmen rufen ihren Mitarbeitern in Erinnerung: »Auch diesen Monat wird Ihnen Ihr Gehalt wieder von unseren Kunden überwiesen.«

Sam Walton von *Wal-Mart* verlangte von seinen Mitarbeitern das folgende Versprechen: »Ich schwöre feierlich und erkläre, dass ich jeden Kunden im Umkreis von drei Metern anlächle, ihm in die Augen sehe und ihn grüße, so wahr mir Sam helfe.« *Lands' End* weist seine Mitarbeiter an: »Kümmern Sie sich nicht darum, was gut für das Unternehmen ist – kümmern Sie sich darum, was gut für den Kunden ist.«

Moral im Marketing

Unternehmen stehen oft vor der Wahl, moralisch einwandfrei zu handeln oder sich auf einen moralisch anfechtbaren Weg zu begeben und damit das Kundenvertrauen zu enttäuschen. Als in den USA Manipulationen am Schmerzmittel *Tylenol* festgestellt wurden, verhielt sich der Hersteller tadellos: Er rief sofort die gesamten Bestände zurück und vernichtete sie. *Intel* ging einen Mittelweg und zögerte, Chips mit einem geringfügigen Mangel bedingungslos zu ersetzen. *Ford* nahm gelegentlich den anfechtbaren Weg und versuchte, Mängel an manchen Modellen zu leugnen.

Geschäftsmethoden werden häufig kritisiert, weil es ständig zu moralischen Konflikten kommt, die kaum aufzulösen sind. Howard Bowen hat die klassischen Fragen zur ethischen Verantwortung des Managers gestellt:

»Soll er in die Privatsphäre der Menschen eindringen, wie es etwa jemand tut, der Haustürgeschäfte macht ...? Soll er aufdringliche Reklame, Lockmittel wie Preisausschreiben, Überrumpelungs- und andere Taktiken anwenden, die zumindest von zweifelhaftem Geschmack sind? Soll er auf Interessenten Druck ausüben, um sie zum Kauf zu bewegen? Soll er Produkte möglichst schnell veralten lassen, um einen Strom neuer Modelle herausbringen zu können? Soll er an Motive wie Materialismus, Angeberei und das Mithalten mit dem Konsum der Nachbarn appellieren und die Kunden darin noch bestärken?«[35]

Die am meisten respektierten Unternehmen beachten einen Verhaltenskodex, dem zufolge sie nicht nur eigene Interessen, sondern auch diejenigen anderer Menschen wahrnehmen. Das Marktforschungsunternehmen *Harries Interactive* untersuchte in Zusammenarbeit mit dem Expertennetzwerk Reputation Institute, welche Unternehmen von der Öffentlichkeit am meisten bewundert wurden. Die ersten 15 Plätze besetzten im Jahr 2001 (in dieser Reihenfolge) *Johnson & Johnson, Microsoft, Coca-Cola, Intel, 3M, Sony, Hewlett-Packard, FedEx, Maytag, IBM, Disney, General Electric, Dell, Procter & Gamble* und *United Parcel Service (UPS)*. Diese Unternehmen haben sich einen Namen für ihre Produkte, ihre Servicequalität und ihr gesellschaftliches Engagement gemacht. Ihr Ruf und ihre Vertrauenswürdigkeit zahlen sich in barer Münze aus.

Outsourcing

Ein Unternehmen kann nur in wenigen Bereichen herausragende Leistungen erbringen. Mit den anderen Aufgaben sollten diejenigen betraut werden, die diese Tätigkeiten effektiver erledigen. Ursprünglich wurde das Outsourcing nur in den nicht zum Kerngeschäft eines Unternehmens gehörenden Aktivitäten praktiziert, beispielsweise bei der Büroreinigung oder Gartenpflege. Heute wird jedoch gefordert, dass ein Unternehmen alle Aktivitäten nach außen vergeben sollte, die andere Anbieter besser oder kostengünstiger durchführen können. Externe Dienstleistungsunternehmen oder Outsourcer können aufgrund ihrer Größe und Spezialisierung niedrigere Preise anbieten und bessere Ergebnisse liefern. Aus diesem Grund beschloss *Nike*, seine Schuhe nicht selbst herzustellen, sondern die Produktion an asiatische Firmen zu vergeben, die die Schuhe kostengünstiger und effektiver produzieren können.

Unternehmen müssen wissen, welche Marketingaktivitäten sie im Hause belassen wollen und welche sie extern vergeben. Normalerweise werden Werbedienste und Marketingforschung ausgelagert. Einige Firmen vergeben heute auch den Direktversand und das Telemarketing. Selbst die Produktentwicklung und die Verkaufsorganisation können an Fremdfirmen vergeben werden. Ich kenne Unternehmen, die ihr gesamtes Marketing ausgelagert haben.

Einmal wurde ich gebeten, dem Management eines Unternehmens bei der Entscheidung zu helfen, welche Bereiche nach außen vergeben werden sollten. Nach einer gründlichen Untersuchung der gesamten Unternehmensaktivitäten erstattete ich dem Vorstand folgenden Bericht: »Meine Herren, bei Ihnen empfiehlt sich ein komplettes Outsourcing, Sie erbringen auf keinem Gebiet wirklich gute Leistungen.« Der Vorstand war bestürzt. »Wollen Sie uns sagen, dass wir den Betrieb schließen sollen?« »Nein«, antwortete ich. »Ich möchte Ihnen zeigen, wie Sie mehr Geld verdienen können. Ihre Kosten werden drastisch sinken. Das Einzige, was Sie beherrschen müssen, ist der Umgang mit Outsourcern.« Im Grunde empfahl ich der Firma damals, sich in eine *virtuelle Organisation* zu verwandeln.

Man kann es mit dem Outsourcing allerdings auch übertreiben. Spitzenunternehmen zeichnen sich dadurch aus, dass sie eine Reihe von Kernkompetenzen entwickelt haben, die raffiniert miteinander verknüpft sind und sich in ihrer Gesamtheit nur schwer nachbilden lassen. Beispiele dafür sind *IKEA, Wal-Mart* oder *Southwest Airlines*.

Auch diese Unternehmen haben einige Aufgabenfelder nach außen vergeben. Was sie jedoch von anderen abhebt, ist die Tatsache, dass sie sich ein festes Gefüge aus Kompetenzen und Fähigkeiten bewahrt haben, das nicht leicht kopiert werden kann.

Positionierung

Dank Al Ries und Jack Trout, die 1982 das Buch *Positioning: The Battle for Your Mind* schrieben, hielt der Begriff »Positionierung« Einzug in das Marketingvokabular.[36]

Tatsächlich war das Wort auch vorher schon verwendet worden, allerdings im Zusammenhang mit der Platzierung von Produkten in Geschäften, möglichst in Augenhöhe. Ries und Trout verliehen dem Begriff eine neue Bedeutung: »Positionierung ist aber nicht das, was man mit einem Produkt tut. Positionierung ist das, was man in den Köpfen der potenziellen Kunden anstellt.« Aus diesem Grund erzählt man uns, ein *Volvo* sei das »sicherste Auto«, ein *BMW* die »Ultimate Driving Machine« und ein *Porsche* »der beste Sportwagen der Welt«.

Ein Unternehmen kann auf vielfältige Weise für sich in Anspruch nehmen, anders und besser zu sein als seine Konkurrenten: Wir sind schneller, sicherer, billiger, praktischer, haltbarer, freundlicher, bieten bessere Qualität, mehr Werthaltigkeit – die Liste ließe sich unendlich fortsetzen. Ries und Trout haben nachdrücklich betont, dass Firmen eines dieser Attribute auswählen müssen, damit es sich in das Gedächtnis der Käufer eingräbt. Die beiden Autoren betrachteten Positionierung in erster Linie als Kommunikationsaufgabe. Solange ein Produkt nicht in einer bestimmten Hinsicht, die von einer Kundengruppe als bedeutsam empfunden wird, als bestes Produkt herausgestellt wird, ist es schlecht positioniert und wird den Käufern nicht in Erinnerung bleiben. Wir erinnern uns an Marken, wenn sie in irgendeiner Weise als erste oder beste Marke herausragen.

Die Positionierung darf nicht willkürlich festgelegt werden. Wir würden Kunden niemals davon überzeugen können, dass ein *Hyundai* eine »Ultimate Driving Machine« ist. Vielmehr muss schon bei der Entwicklung des Produkts eine bestimmte Positionierung berücksichtigt werden – die Positionierung muss also schon vor der Produktgestaltung feststehen. *General Motors* hat im Hinblick auf seine Modellpalette unter anderem den tragischen Fehler begangen, Autos ohne klare Positionierung zu entwerfen. Nach der Herstellung des Wagens versuchte *General Motors* dann verzweifelt, das Produkt zu positionieren.

Auch Marken, die auf ihrem Markt nicht die Nummer eins sind (im Hinblick auf die Firmengröße oder andere Eigenschaften), brauchen sich keine Sorgen zu machen. In diesem Fall wählt das Unternehmen einfach ein anderes Attribut aus, für das es dann die Spitzenstellung einnimmt. Ich habe ein Pharmaunternehmen beraten, das sein neues Medikament als »das am schnellsten wirkende Mittel« positionierte. Ein anderer Wettbewerber positionierte seine Marke daraufhin als »das sicherste Mittel«. Jeder Konkurrent zieht diejenigen Konsumenten an, die auf die Haupteigenschaft des Produkts besonderen Wert legen.

Einige Firmen ziehen den Aufbau einer Mehrfachpositionierung vor, anstatt sich auf die Positionierung über eine einzelne Eigenschaft zu verlassen. Der Pharmakonzern könnte sein Medikament auch als »sicherstes und am schnellsten wirkendes Mittel« darstellen. Allerdings könnte es einem Konkurrenten einfallen, diese Verkaufsargumente zu übernehmen und zusätzlich einen günstigeren Preis ins Feld zu führen. Es liegt aber auch auf der Hand, dass eine Positionierung, die auf zu vielen überlegenen Eigenschaften beruht, nicht im Gedächtnis haften bleibt und unglaubwürdig wirkt. In Einzelfällen kann ein solches Vorgehen jedoch durchaus funktionieren. So hat die Zahnpastamarke *Aquafresh* erfolgreich für sich in Anspruch genommen, dem Konsumenten einen dreifachen Nutzen zu bieten – Kariesschutz, weiße Zähne und frischen Atem.

Michael Treacy und Fred Wiersema unterscheiden zwischen drei wesentlichen Positionierungen (die sie als »Kundennutzenstrategien«

bezeichneten): die *Produktführerschaft, Kostenführerschaft* und *Kundenpartnerschaft.*[37] Einige Kunden schätzen das Unternehmen am meisten, das in einer bestimmten Kategorie das beste Produkt offeriert, andere Konsumenten bevorzugen den Anbieter, der am effektivsten arbeitet, und wieder andere wählen die Firma, die am aufmerksamsten auf ihre Wünsche eingeht. Treacy und Wiersema geben Unternehmen den Rat, in einer der genannten Kategorien zum anerkannten Führungsunternehmen zu avancieren und in den anderen beiden Kategorien zumindest ausreichende Leistungen zu erbringen. Die Konkurrenz in allen drei Nutzenkategorien zu übertrumpfen wäre für ein Unternehmen zu schwierig oder zu teuer.

Fred Crawford und Ryan Mathews haben unlängst fünf mögliche Positionierungen vorgeschlagen: Produkt, Preis, Leichtigkeit des Zugangs, Mehrwertdienste und Kundenerfahrung.[38] Ausgehend von ihrer Untersuchung erfolgreicher Unternehmen kamen sie zu dem Schluss, dass erfolgreiche Firmen in einer dieser Positionierungen dominieren, in einer zweiten überdurchschnittlich abschneiden (sich differenzieren) und in den anderen drei Kategorien den Branchendurchschnitt erreichen. Wal-Mart beispielsweise dominiert im Preis, unterscheidet sich im Produkt (angesichts seiner großen Auswahl) und erzielt im Hinblick auf die Leichtigkeit des Zugangs, die Mehrwertdienste und die Kundenerfahrung eine durchschnittliche Leistung. Crawford und Mathews vertreten die Ansicht, dass Firmen keine optimalen Resultate erreichen, wenn sie versuchen, in mehr als zwei Kategorien der beste Anbieter zu sein.

Die erfolgreichste Positionierung besitzen Unternehmen, denen es gelingt, sich als einzigartig und gleichzeitig schwer kopierbar darzustellen. Noch niemand hat *IKEA, Harley Davidson, Southwest Airlines* oder *Neutragena* erfolgreich imitiert. Diese Anbieter haben für ihre Geschäftstätigkeit Hunderte von besonderen Verfahren entwickelt. Ihre äußere Hülle kann nachgebildet werden, ihre internen Arbeitsweisen jedoch nicht.

Unternehmen ohne einzigartige Positionierung können sich manchmal mit der Strategie der »Nummer zwei« einen Namen machen. *Avis* ist vielen Verbrauchern mit seinem Slogan » We're number two. We try harder.« noch in Erinnerung. Auch *7-Up* konnte sich mit seiner »*Uncola*«-Strategie ins Gedächtnis der Konsumenten eingraben.

Alternativ können Firmen auch von sich behaupten, zu den Spitzenakteuren der Branche zu zählen: die drei großen Automobilkonzerne (Big Three) oder die fünf großen Wirtschaftsprüfungsfirmen (Big Five). Diese Firmen machen sich die Ausstrahlung zunutze, die mit der Zugehörigkeit zu einer *Elite* verbunden ist, die hochwertigere Produkte und Dienstleistungen anbietet als der Rest der Branche.

Keine Positionierung funktioniert ewig. Während sich Kunden, Wettbewerber, Technologien und das wirtschaftliche Umfeld verändern, müssen Unternehmen auch die Positionierung ihrer Hauptmarken überprüfen. Marken, die Marktanteile einbüßen, müssen vielleicht neu positioniert werden. Hier ist größte Sorgfalt geboten. Durch eine Erneuerung Ihrer Marke gewinnen Sie zwar Neukunden hinzu, können jedoch auch bestehende Käufer verlieren, die Ihre Marke so mögen, wie sie ist. Würde *Volvo* demnächst nicht mehr die Sicherheit seiner Autos, sondern ihr raffiniertes Styling in den Vordergrund stellen, könnten sich die praktisch orientierten und an raffiniertem Design wenig interessierten *Volvo*-Fans leicht verprellt fühlen.

Preisgestaltung

Oscar Wilde sah einen erheblichen Unterschied zwischen Preis und Wert: »Ein Zyniker ist ein Mensch, der von allem den Preis und von nichts den Wert kennt.« Ein Geschäftsmann erzählte mir, dass er darauf abziele, für sein Produkt einen höheren Preis zu bekommen, als eigentlich gerechtfertigt war.

Welchen Preis sollten Sie für Ihre Produkte verlangen? Ein altes russisches Sprichwort besagt: »Es gibt auf jedem Markt zwei Dummköpfe – der eine verlangt zu wenig, der andere verlangt zu viel.«

Wer zu wenig berechnet, macht zwar Geschäfte, aber wenig Gewinn. Außerdem werden die falschen Kunden angelockt, nämlich jene, die ohne zu zögern die Marke wechseln, wenn sie auch nur einen Cent sparen können. Darüber hinaus rufen Sie Wettbewerber auf den Plan, die einen ebenso niedrigen oder gar günstigeren Preis anbieten. Und das Produkt wird in den Augen des Kunden herabgesetzt. Unternehmen, die mit sehr niedrigen Preisen arbeiten, werden wohl wissen, was ihre Produkte wert sind.

Wer dagegen zu hohe Preise ansetzt, kann sowohl den einzelnen Geschäftsabschluss wie auch den Kunden verlieren. Peter Drucker nennt einen weiteren möglichen Nachteil: »Das Streben nach Höchstpreisen schafft grundsätzlich einen Markt für einen Wettbewerber.«

Das übliche Vorgehen zur Preisfestlegung besteht darin, die Kosten zu ermitteln und einen gewissen Prozentsatz aufzuschlagen. Ihre Kosten haben mit der Wertwahrnehmung des Kunden jedoch nichts zu tun. Sie helfen Ihnen lediglich bei der Entscheidung, ob Sie das Produkt überhaupt herstellen sollen.

Wenn Sie den Preis einmal festgesetzt haben, sollten Sie diesen Preis nicht als Argument einsetzen, um das Geschäft zum Abschluss zu bringen. Argumentieren Sie mit dem Wert und Nutzen des Produkts, um den Kunden zu überzeugen. Lee Iacocca vertrat folgenden Standpunkt: »Wenn das Produkt stimmt, brauchen Sie kein großartiges Marketing mehr.« Jeff Bezos von *Amazon* sagte: »Ich ärgere mich nicht über jemanden, der 5 Prozent weniger verlangt. Aber ich mache mir Sorgen, wenn jemand eine bessere Erfahrung anbietet.«

Wie wichtig ist nun also der Preis? Christopher Fay vom *Juran Institute* führte aus: »In mehr als 70 Prozent der untersuchten Unternehmen rangierte der Preis an erster oder zweiter Stelle unter den Eigenschaften, mit denen die Kunden am wenigsten zufrieden waren. Unter den Wechselkunden wurden jedoch in keinem Fall mehr als 10 Prozent durch den Preis zum Wechsel bewogen.«

Globalisierung, Hyperwettbewerb und das Internet verleihen Märkten und Unternehmen ein neues Gesicht. Alle drei Kräfte führen zu einem verstärkten Preisdruck. Im Zuge der Globalisierung verlagern Firmen ihre Produktion an billigere Standorte im Ausland und unterbieten dann die inländischen Hersteller. Hyperwettbewerb bedeutet, dass eine größere Zahl von Anbietern um einen Kunden kämpft – auch dies bringt Preisnachlässe mit sich. Das Internet wiederum erleichtert Konsumenten den Preisvergleich und macht es ihnen einfacher, das kostengünstigste Angebot auszuwählen. Hier steht das Marketing vor der großen Herausforderung, Wege zu finden, wie Preise und Profitabilität angesichts dieser Makrotrends auf annehmbarem Niveau gehalten werden können.

Die Lösung des Problems scheint hauptsächlich in einer effektiveren Marktsegmentierung, stärkeren Markenpolitik und einem überlegenen Customer Relationship Management zu liegen. Auf diese Faktoren wird an anderer Stelle näher eingegangen.

Produkte

Die meisten Unternehmen definieren sich durch ihre Produkte und bezeichnen sich etwa als »Automobilhersteller« oder »Softdrink-Anbieter«. Theodore Levitt, ehemaliger Professor an der *Harvard Business School*, hob schon vor Jahren hervor, dass es gefährlich sei, sich auf das Produkt zu fokussieren und dabei das zugrunde liegende Bedürfnis zu übersehen. So bezichtigte er die Eisenbahngesellschaften der Kurzsichtigkeit, weil sie sich nicht als Transportunternehmen definierten und folglich die Konkurrenz durch LKWs und Flugzeuge gar nicht erkannten. Stahlproduzenten achteten nicht genügend auf die wachsende Bedeutung von Kunststoffen und Aluminium, da sie sich als Stahlproduzenten definierten, nicht als Materialhersteller. *Coca-Cola* verpasste die Entwicklung von Fruchtgetränken, Gesundheits- und Energiedrinks und sogar flaschenabgefülltem Mineralwasser, weil es sich zu sehr auf die Softdrink-Sparte konzentrierte.

Wie entscheiden Unternehmen darüber, was sie verkaufen wollen? Es gibt vier Wege:

1. Verkaufen, was bereits existiert.
2. Herstellen, wonach jemand gefragt hat.
3. Vorausahnen, wonach jemand fragen wird.
4. Herstellen, wonach niemand gefragt hat, das Käufer jedoch begeistern wird.

Der letzte Weg ist mit wesentlich höherem Risiko, allerdings auch wesentlich höheren Gewinnmöglichkeiten verbunden.

Verkaufen Sie nicht nur ein Produkt. Verkaufen Sie eine Erfahrung. *Harley Davidson* verkauft viel mehr als ein Motorrad – eine *Harley Davidson* ist ein Erlebnis. Das Unternehmen bietet seinen Kunden die Mitgliedschaft in einer Gemeinschaft an. Es organisiert Abenteuertouren. Es verkauft einen Lebensstil. Das *Gesamtprodukt* geht über das Motorrad weit hinaus.

Helfen Sie dem Käufer, das Produkt zu benutzen. Erklären Sie, wie es funktioniert, wie es sachgemäß verwendet wird oder wie seine Lebensdauer verlängert werden kann. Wenn ich 30.000 Dollar für ein Auto bezahle, kaufe ich den Wagen vorzugsweise bei dem Händler, der mir hilft, den größten Nutzen aus dem Produkt zu ziehen. Der erfolgreiche amerikanische Automobilhändler Carl Sewell plädiert in seinem Buch *Customers for Life* (mit Paul Brown) für diesen Ansatz.[39] Sewell selbst verkaufte nicht nur Autos, sondern bot auch Serviceleistungen wie Reparaturdienste, Reinigung, Bereitstellung von Ersatzwagen und vieles mehr an.

Die Herstellung und der Verkauf miserabler Produkte verursachen hohe Kosten. Der verstorbene Bruce Henderson, ehemaliger Chef der *Boston Consulting Group*, erklärte: »In den meisten Unternehmen ist die Mehrzahl der Produkte eine reine Investitionsfalle ... Sie sind nicht nur wertlos, sondern zehren unaufhörlich an den Firmenressourcen.« Vor allem in konjunkturschwachen Zeiten müssen Firmen ihre Investitionen auf eine kleinere Gruppe von starken Marken konzentrieren, die hohe Preise, hohe Kundentreue und einen hohen Marktanteil ermöglichen und auf verwandte Produktkategorien ausgedehnt werden können. *Unilever* beschloss, seine Palette von 1.600

Marken drastisch zu beschneiden und den Riesenetat für Werbung und Verkaufsförderung auf 400 Hauptmarken zu konzentrieren.

Zu viele Unternehmen ächzen unter der Bürde eines schlecht konzipierten Produktportfolios. Ich rate Firmen grundsätzlich, sich in mehreren Bereichen eines Marktes zu engagieren, den sie beherrschen wollen. Die führende Rolle von *Marriott* auf dem Hotelmarkt beruht auf dem Einsatz mehrerer unterschiedlich bepreister Marken – von *Fairmont* über *Courtyard* und *Marriott* bis zum *Ritz-Carlton*. *Kraft* eroberte den amerikanischen Tiefkühlpizza-Markt mit einer 4-Marken-Strategie: Die Marke *Jack's* bewegt sich im niedrigpreisigen Marktbereich, *Original Tombstone* konkurriert mit den mittelpreisigen Marken, *DiGiorno's* macht in puncto Qualität frisch gebackenen Pizzen Konkurrenz und *California Pizza Kitchen* deckt das hochpreisige Segment ab – mit einem Preis, der dreimal höher liegt als die Billigangebote.

Gleichzeitig erobert nicht immer das beste Produkt den Markt. Viele Anwender halten die *Macintosh*-Software von *Apple* für besser als die Software von *Microsoft*, doch der Markt wird von *Microsoft* beherrscht. *Sonys Betamax*-Standard wies eine bessere Aufnahmequalität als *VHS* von *Matsushita* auf, aber der *VHS*-Standard konnte den Wettstreit klar für sich entscheiden. Manchmal setzt sich das besser vermarktete, nicht das bessere Produkt durch. Der *Harvard*-Professor Theodore Levitt stellte fest: »Ein Produkt ist erst ein Produkt, wenn es sich verkauft. Andernfalls ist es ein Museumsstück.«

Produktentwicklung

William H. Davidow, ehemaliger Strategiechef von *Intel*, fand die richtigen Worte: »Großartige Geräte werden im Labor erfunden, großartige Produkte dagegen in der Marketingabteilung.« Ein Produkt darf nicht lediglich ein Gegenstand sein, sondern es muss ein Konzept verkörpern, das bestimmte Probleme löst.

Außerdem muss das Produkt irgendwann das Entwicklungslabor verlassen und am Markt eingeführt werden. Es benötigt daher »sowohl ein Fahrwerk zum Landen als auch Tragflächen zum Fliegen«.

Welcher Erfolg einem neuen Produkt beschieden sein wird, lässt sich mithilfe der folgenden drei Fragen schon vor Beginn der Produktentwicklung weitgehend bestimmen: »Wird das Produkt gebraucht? Ist es anders und besser als die Angebote der Konkurrenz? Werden Kaufinteressenten bereit sein, den vorgesehenen Preis zu bezahlen?« Wenn Sie nur eine dieser Fragen mit Nein beantworten müssen, sollten Sie erst gar nicht mit der Entwicklung beginnen. *Ziehen Sie nur in eine Schlacht, wenn Sie sicher sind, dass Sie den Krieg gewinnen können.*

Die Erfolgschancen für ein neues Produkt steigen beträchtlich, wenn es sich um einen Artikel handelt, der eine neue Produktkategorie definiert – so wie der Handheld-Computer *Palm*, der Tretroller *Razor Scooter* oder *Viagra*. Um diese Artikel rankt sich vom ersten Moment an eine besondere Geschichte, die das Interesse der Medien auf sich zieht. Zur Einführung solcher Produkte empfiehlt sich gezielte Öffentlichkeitsarbeit, keine aufwändige Werbekampagne. Schließlich sind Berichte in den Medien viel glaubwürdiger als bezahlte Werbung.

Ingvard Kamprad, der Gründer von *IKEA*, brachte in diesem Zusammenhang noch einen weiteren Faktor ins Spiel: »Eine Produktidee, die nicht zu einem erschwinglichen Preis angeboten werden kann, ist grundsätzlich inakzeptabel.« *Space Adventures* gibt Ihnen die Möglichkeit, als Astronaut ins All zu fliegen. Wunderbar, was kostet dieses Vergnügen? 20 Millionen Dollar. Bisher gab es ganze zwei Käufer.

Selbst wenn ein neuer Artikel mit dem richtigen Preisschild versehen ist, wird das große Geld vielleicht erst mit dem Nachfolgeprodukt gemacht. Der amerikanische Kolumnist Earl Wilson stellte fest: »Benjamin Franklin hat vielleicht die Elektrizität entdeckt, doch wirklich reich damit wurde der Erfinder des Stromzählers.« Ebenso entwickelte *Xerox* in seinem *Palo Alto Research Center (PARC)* das

Ethernet, die grafische Benutzeroberfläche und den Laserdrucker, und doch waren es *Netscape, Apple* und *Hewlett-Packard*, die diese Erfindungen versilbert haben.

Wenn es länger als drei Jahre dauert, ein neues Produkt zu entwickeln, war es vielleicht doch keine gute Idee. Leider können viele Unternehmen der Versuchung nicht widerstehen, ihr Geld zum Fenster hinauszuwerfen. Wer sollte letztlich für die Produktentwicklung zuständig sein? Die Forschungs- und Entwicklungsabteilung, die Herstellung oder das Marketing? Nicht eine einzelne Abteilung, sondern alle genannten Bereiche – und nicht zuletzt auch die Kunden – müssen in die Entwicklung einbezogen werden.

Neben Neuentwicklungen erwarten Kunden auch Produktverbesserungen. Viele Unternehmen fragen sich jedoch, warum sie einen Artikel verbessern sollen, solange er sich noch gut verkauft. Glauben Sie mir, jeder Wettbewerber nimmt Ihr Produkt genau unter die Lupe, um etwaige Schwachstellen aufzudecken. Verbessern Sie Ihre Waren lieber selbst, bevor die Konkurrenz dies tut, und überlassen Sie es nicht den Wettbewerbern, mit neuen oder optimierten Versionen Ihrer Produkte aufzuwarten. Unternehmen neigen jedoch dazu, sich auf die Kosten bestimmter Aktivitäten zu fixieren, anstatt sich zu fragen, was es kostet, diese Aktivitäten nicht auszuführen.

Bei wem sollte die Verantwortung für die Ergebnisse der Entwicklungsarbeit liegen? Bei der Forschungs- und Entwicklungsabteilung und Marketingabteilung, aber sicherlich nicht beim Verkauf.

Public Relations

Ich gehe davon aus, dass Firmen verstärkt Geld aus der Werbung abziehen und in die Öffentlichkeitsarbeit (auch Public Relations oder PR) investieren werden. Die Werbung verliert nach und nach an Wirkung. Es ist heute schwer, ein Massenpublikum zu erreichen, da sich die Empfängerkreise zunehmend aufsplittern. Werbespots im Fernsehen werden immer kürzer, sie werden in Werbeblöcken präsentiert, ähneln sich immer mehr und die Zuschauer schalten um, wenn sie beginnen. Das größte Problem liegt jedoch darin, dass es der Werbung an Glaubwürdigkeit mangelt. Die Öffentlichkeit weiß, dass Werbung übertreibt und nicht objektiv ist. Bestenfalls präsentiert sich Werbung spielerisch und unterhaltsam, schlimmstenfalls aufdringlich und unehrlich.

Unternehmen geben zu viel Geld für Werbung und zu wenig für Public Relations aus. Der Grund: Neun von zehn PR-Agenturen befinden sich im Besitz von Werbefirmen. Werbeagenturen verdienen mit der Platzierung von Werbeanzeigen jedoch mehr Geld als mit Public Relations. Deshalb sind sie nicht daran interessiert, dass die Öffentlichkeitsarbeit mehr Raum gewinnt.

Werbekampagnen bringen den Vorteil mit sich, dass sie besser gesteuert werden können als PR. Es werden die Medien ausgesucht, in denen die Werbung zu bestimmten Zeiten erscheint, die Werbung wird vom Kunden genehmigt und exakt in der gewünschten Form veröffentlicht. Für gute Public Relations muss man dagegen beten, weil man sie nicht kaufen kann. Ein Autor kann nur hoffen, dass die amerikanische Talkmasterin Oprah Winfrey sein Buch in ihrem *Book Club* als Buch des Monats präsentiert. Der amerikanische Weinhandel kann nur hoffen, dass der Reporter Morley Safer in seiner Fernsehsendung *60 Minutes* ausführlich die positiven Auswirkungen von Rotwein auf die Gesundheit der Europäer – sonst nicht gerade durch vorbildliche Ernährungsgewohnheiten bekannt – beschreibt.

Der Aufbau einer neuen Marke durch Öffentlichkeitsarbeit erfordert mehr Zeit und Kreativität, bewirkt letztlich jedoch weit mehr als eine groß angelegte Werbekampagne. Die Öffentlichkeitsarbeit stützt sich auf eine Reihe von Instrumenten, mit denen Aufmerksamkeit und »Talk Value« geschaffen werden: Man bringt das Produkt ins Gespräch. Folgende Mittel sind dabei von besonderer Bedeutung:

- Veröffentlichungen
- Veranstaltungen

- Nachrichten
- Beziehungen zum regionalen Umfeld
- Firmenzeitschriften
- Lobbyismus
- Soziales Engagement

Die meisten Verbraucher erfuhren nicht aus der Werbung von Produkten oder Firmen wie *Palm, Amazon, eBay, The Body Shop, Blackberry, Beanie Babies, Viagra* oder *Nokia*, sondern aus Meldungen in der Presse oder in Radio und Fernsehen. Vielleicht erzählten ihnen Freunde davon oder sie machten Bekannte darauf aufmerksam. Wenn man von anderen etwas über ein Produkt hört, hat dies eine weit mächtigere Wirkung als jede Werbeanzeige.

Unternehmen, die eine neue Marke aufbauen wollen, müssen sich ins Gespräch bringen – hierzu sind PR-Instrumente ideal geeignet. Eine PR-Kampagne ist wesentlich preiswerter und erzeugt im Idealfall eine dauerhafte Geschichte rund um das Produkt. Laura und Al Ries argumentieren in ihrem Buch *The Fall of Advertising and the Rise of PR* sehr überzeugend, dass Unternehmen bei der Einführung eines neuen Produkts besser mit Public Relations als mit Werbung beginnen.[40] Die meisten Unternehmen gehen bei ihren Produktlancierungen jedoch genau umgekehrt vor.

Qualität

Es überrascht mich immer noch, wie viele Amerikaner sich in der Vergangenheit mit schlechter Qualität zufrieden gaben. Als ich meinen neuen *Buick* eine Woche nach dem Kauf zum Händler brachte, sagte dieser: »Sie haben Glück. Es ist nur eine kleine Reparatur.«

Die Philosophie von *General Motors* lautete wie folgt: »Wir produzieren in unserer Fabrik so viele Autos wie irgend möglich. Die Reparaturen überlassen wir den Händlern.« Es wurde kein Gedanke daran verschwendet, welche Kosten dem Kunden entstanden, der zum Händler zurückfahren, den Wagen abgeben und beten musste, für die Dauer der Reparatur ein Ersatzfahrzeug zu finden.

Wer war für die schlechte Qualität verantwortlich? Das Management schob den Arbeitern den Schwarzen Peter zu, doch die Arbeiter traf keine Schuld. Der brillante Qualitätsexperte W. Edwards Deming kam zu dem Schluss, dass »die Unternehmensführung für 85 Prozent aller Qualitätsprobleme verantwortlich zeichnet«.

Japaner legen auf Qualität höchsten Wert. Wenn sie einen Fehler entdecken, stellen sie die fünf »Warum-Fragen«: »Warum war da ein Riss im Ledersitz?«»Warum wurde das Leder nicht kontrolliert, als es in unserer Fabrik ankam?«»Warum hat der Lieferant den Riss nicht entdeckt, bevor er uns das Leder geschickt hat?« »Warum hat die Maschine des Lieferanten kein Laser-Lesegerät?«»Warum schafft sich der Lieferant keine bessere Ausrüstung an?« Diese Fragen dienen dazu, zur Wurzel des Problems vorzudringen, sodass der Fehler nicht noch einmal auftreten kann.

Welches Qualitätsniveau ist sinnvoll? *Motorola* strebt in der Herstellung von Computerchips eine Six-Sigma-Qualität an, sodass pro einer Million Chips höchstens drei oder vier Mängel festgestellt werden. Wenn diese Chips in billigen Radios zum Einsatz kommen, wäre ein solches Qualitätsmaß nicht zwingend erforderlich; für Chips, die eine *Boeing 747* steuern, würden wir uns eine höhere Qualität wünschen. Das geeignete Qualitätsniveau hängt also vom Kunden und vom Produkt ab.

Motivationsredner Brendan Power erklärte: »Unsere Qualitätsstandards werden von unseren Kunden festgelegt. Unsere Aufgabe ist es, diese Standards zu erfüllen.« Auch Peter Drucker betrachtet Qualität als einen Faktor, der vom Kunden bestimmt wird: »Qualität ist nicht das, was Sie in ein Produkt oder eine Dienstleistung einbauen. Qualität ist das, was der Kunde aus dem Produkt oder Service herausholt.« Der Elektronikriese *Siemens* handelt nach folgendem Qualitätsmotto: »Qualität ist, wenn der Kunde zurückkommt, nicht das Produkt.«

Jack Welch von *General Electric* fasste die Bedeutung von Qualität mit folgenden Worten treffend zusammen: »Qualität ist unser bester Garant für Kundentreue, unsere beste Verteidigung gegen ausländische Wettbewerber und der einzige Weg zu nachhaltigem Wachstum und Gewinn.«

Schnittstellen zur Marketingabteilung

Jede Unternehmensabteilung verfügt über ein bestimmtes Bild der anderen Abteilungen. Meist sind diese Stereotypen wenig schmeichelhaft. Außerdem konkurrieren die Abteilungen um die verfügbaren Ressourcen und überbieten sich mit Argumenten, warum sie die Mittel sinnvoller als die anderen verwenden. All dies wirkt sich natürlich auf die Harmonie der Arbeitsbeziehungen zwischen den Abteilungen nicht förderlich aus.

Marketingabteilungen etwa sind, so will es das Klischee, von redegewandten bis geschwätzigen Verkäufern bevölkert, die dem Management ein großes Budget abschmeicheln, ohne je dessen Wirkung nachzuweisen, von Hochstaplern, die ihre Kunden über den Tisch ziehen, oder von Hausierern, welche die F&E-Abteilung zu immer neuem Klimbim anstatt zu echten Produktverbesserungen überreden.

Ein Ingenieur beschwerte sich einmal, dass die Verkäufer »immer den Kunden in Schutz nehmen und nie an das Unternehmensinteresse denken!« Den Kunden warf er gar »übersteigerte Ansprüche« vor.

Die Marketingexperten ihrerseits haben ebenfalls viel an den anderen Abteilungen auszusetzen:

- Die Vermarkter haben Schwierigkeiten mit Technikern und Ingenieuren. Ingenieure neigen zu einem sehr exakten Denken und sehen am liebsten schwarz oder weiß, aber keine Zwischentöne. Sie beschreiben Produkte mit sehr technischen Begriffen anstatt in einer Sprache, welche die meisten Kunden verstehen. In High-Tech-

Unternehmen werden die Ingenieure auf Händen getragen. Sie rümpfen die Nase über Kollegen, die eine Karriere im Vertrieb wählen, und schließen daraus, dass sie schlecht ausgebildet sein müssen. Und wer in den Kundendienst geht, ist ohnehin ein Verlierer.

• Die Marketingspezialisten betrachten die Mitarbeiter des Finanz- und Rechnungswesens als ihre natürlichen Feinde – verlangen diese doch von ihnen, jeden Ausgabenposten zu rechtfertigen, nur um dann doch noch an der Sparschraube zu drehen. Die Kritik lautet, dass sie vorwiegend an die Ergebnisse der laufenden Rechnungsperiode denken und nicht verstehen, dass ein großer Teil der Marketingausgaben langfristige Investitionen und keine Kosten darstellt. Sobald die Geschäfte des Unternehmens nicht mehr so gut gehen, beschneiden sie reflexartig das Marketingbudget, in der Annahme, dass diese Mittel nicht notwendig seien. Machen Sie es anders: Arbeiten Sie eng mit dem Rechnungswesen zusammen, um Finanzmodelle zu entwickeln, aus denen hervorgeht, wie sich die Marketinginvestitionen auf die Umsätze, Kosten und Gewinne auswirken.

• Die Marketingmitarbeiter beschweren sich über die Einkäufer, wenn sie billigere Bauteile kaufen, die dazu führen, dass das Produkt nicht die versprochene Qualität hat. Natürlich müssen die Einkäufer möglichst günstig einkaufen, aber es müssen auch Kontrollen eingerichtet werden, um eine ausreichende Qualität zu gewährleisten. Ich rate den Marketingmitarbeitern zu einer engen Zusammenarbeit mit den Einkäufern, nicht nur aus Gründen der Qualität, sondern auch, um von ihnen etwas über das Verkaufen zu erfahren. Die Einkäufer sind wahre Experten darin, wie eine gute Verkaufsstrategie aussieht. Schließlich werden sie tagtäglich von Verkäufern belagert. Wer, wenn nicht sie, kennt den Unterschied zwischen guten und schlechten Verkaufsmethoden? Es wäre ein gutes Training für die Marketingmitarbeiter, eine Zeit lang im Einkauf zu arbeiten, um den Umgang mit Verkäufern zu lernen. *General Electric* entwickelte eine Übung für die eigenen Einkaufs- und Vertriebsmitarbeiter, um herauszufinden, wer effektiver sei.

Die Einkäufer gewannen mit großem Vorsprung. Daraufhin sagte das Management von *General Electric*: »Wenn unsere Verkäufer nicht einmal an unsere eigenen Einkäufer effektiv verkaufen können, wie wollen sie dann bei den Einkäufern unserer Kunden zum Zuge kommen?«

- Die Marketingmitarbeiter haben nur wenige Gemeinsamkeiten mit den Mitarbeitern aus der Herstellung. Sie hoffen, dass die Produkte in der erforderlichen Qualität hergestellt werden, damit die Kunden nicht enttäuscht sind. Manchmal haben sie kurzfristige Sonderwünsche oder bitten um zusätzliche maßgeschneiderte Merkmale, stoßen damit aber auf Widerstand. Schließlich steigen die Herstellungskosten, wenn in der Produktion häufige Umstellungen vorgenommen werden.

- Es fällt den Marketingmitarbeitern schwer, sich mit den Mitarbeitern aus der Informationstechnologie (IT) zu verständigen. Die einen reden über Umsatz, Marktanteil und Gewinn, die anderen über COBOL, Java, Linus und Tetrabytes. Fatal wird es dann, wenn der Marketingleiter die IT-Abteilung bittet, eine Datenbank zu entwikkeln. Er wird seinen Wunsch bereuen, sobald er das Endprodukt zu sehen bekommt. Dennoch ist das Marketing heutzutage auf Datenbanksoftware und Supply-Chain-Software angewiesen. Folglich müssen die Marketingabteilungen um einen technisch orientierten Marketingexperten erweitert werden, der sich in den relevanten Bereichen der Informationstechnologie auskennt und zwischen beiden Gruppen vermitteln kann.

- Oft ärgern sich die Vermarkter über Mitarbeiter, die für die Bonitätsbeurteilung von Kunden zuständig sind und eine Transaktion nicht genehmigen, weil ihnen der potenzielle Kunde nicht vertrauenswürdig erscheint. Der Verkäufer hat hart um das Geschäft gekämpft, nur um dann festzustellen, dass er es nicht abschließen und die Provision dafür in den Wind schreiben kann.

- Die Marketingmitarbeiter werfen den Buchhaltern oft vor, Kundenanfragen zu ihren Rechnungen zu schleppend zu beantworten. Außerdem wünschen sie sich von ihnen aussagekräftigere Kennziffern zur Beurteilung der Rentabilität verschiedener Gebiete, Marktsegmente, Vertriebswege und einzelner Kunden. Solche Informationen könnten ihnen helfen, ihre Bemühungen auf die ertragreicheren Bereiche zu konzentrieren.

- Selbst innerhalb der Marketingabteilung gibt es Reibungen zwischen Marketing, Vertrieb und Kundenservice. Am Anfang war das Marketing lediglich eine Funktion, die den Vertrieb beim Verkauf unterstützen sollte. Seine Aufgabe lautete, durch Werbung, Broschüren und andere Instrumente die Aufmerksamkeit potenzieller Kunden zu wecken. Später erhob das Marketing auch Informationen, um Marktpotenziale zu beurteilen, Absatzquoten festzulegen und Absatzprognosen zu entwickeln. Eine häufig zu hörende Klage der Verkäufer ist die, dass die Absatzquoten zu unrealistisch oder Preise zu hoch seien. Sie fordern, mehr Geld in den Vertrieb (und weniger in die Werbung) zu stecken, um ihre Vergütung zu steigern oder mehr Verkäufer einzustellen. Bei Konflikten zwischen Marketing und Vertrieb gewinnt oft Letzterer, weil die Verkäufer kurzfristige und leichter messbare Ergebnisse erzielen. Was den Kundenservice angeht, hatte dieser traditionell ein geringeres Ansehen als der Vertrieb, der ja immerhin die Aufträge an Land holte. Bei Kundenbeschwerden ärgerten sich die Verkäufer über die Wachhundrolle der Kundendienstmitarbeiter, auch wenn ein guter Kundendienst langfristig natürlich im Interesse aller liegt.

Es ist und bleibt jedoch eine Tatsache, dass alle Abteilungen um ein begrenztes Budget konkurrieren und jede glaubt, eine sinnvollere Verwendung für das Geld zu haben. Jede Abteilung möchte ihre Bedeutung anerkannt sehen und von den anderen respektiert werden.

Die schwierige Aufgabe besteht nun darin, die Mauern zwischen den Abteilungen einzureißen und ihre Bemühungen aufeinander abzustimmen. Zwei mögliche Wege dazu sind folgende:

1. Es werden Besprechungen mit Vertretern zweier Abteilungen durchgeführt, in denen sie darüber reden, wie sie ihre jeweiligen

Stärken und Schwächen sehen, und Vorschläge zur Verbesserung der Beziehung machen.

2. Der Schwerpunkt wird vom Management der Funktionen auf das Management der Prozesse verlagert. Zu diesem Zweck werden funktionsübergreifende Teams gebildet, deren Mitglieder die jeweils andere Sichtweise kennen lernen und auf dieser Basis zu einem besseren Verständnis füreinander gelangen.

Sponsorenschaften

Unternehmen werden von verschiedenen Gruppen immer wieder eingeladen, Veranstaltungen zu sponsern oder sich in den Dienst einer guten Sache zu stellen. Außerdem suchen Firmen auch aktiv nach Events, bei denen sie einer breiten Öffentlichkeit ihren Namen präsentieren können. *Coca-Cola* tritt schon seit langer Zeit als Sponsor für die Olympischen Spiele, für Worldcups, Super Bowls und die Oscar-Verleihungen auf. Dabei verfolgt der Getränkekonzern die Absicht, sich positiv ins Blickfeld zu rücken und seinen Partnern gleichzeitig zu großartigen *Veranstaltungen* zu verhelfen.

Firmen investieren große Summen, um ihren Namen an *Gebäuden* wie bestimmten Bauwerken, Universitäten und Stadien anbringen zu können und auf diese Weise im Blickfeld der Öffentlichkeit zu bleiben. Allerdings können sich diese Aktivitäten auch als Eigentor erweisen: So musste die Stadt Houston ihr Baseball-Stadion *Enron Field* nach der *Enron*-Pleite umbenennen.

Unternehmen können auch eine *gute Sache* fördern (gesündere Ernährung, mehr Sport, regelmäßige Arztbesuche, Drogenbekämpfung). Indem sie sich in den Dienst einer Sache stellen, an die viele Menschen glauben, können Firmen ihren Ruf aufpolieren, die Bekanntheit ihrer Marke steigern, die Kundentreue fördern, den Umsatz erhöhen und für positive Berichterstattung in der Presse sorgen.[41]

Immer häufiger leihen sich Unternehmen die Aura von Prominenten aus, um ihrem eigenen Namen neuen Glanz zu verleihen. Bekannte Persönlichkeiten lenken ein hohes Maß an Aufmerksamkeit auf eine Marke, steigern ihre Glaubwürdigkeit und bieten Konsumenten eine gewisse Bestätigung. Es überrascht nicht, dass Sänger, Schauspieler und bekannte Sportler gern bereit sind, ihre Ausstrahlung zu verkaufen. *Reebok* hat sich mit einem Sponsorenvertrag über 40 Millionen Dollar das Charisma der Tennisspielerin Venus Williams gesichert, *Nike* ist die Aura des Golfspielers Tiger Woods 100 Millionen Dollar wert.

Beim Sponsoring ist jedoch auch Vorsicht geboten. *Pepsi Cola* hat die Dienste von Michael Jackson, Mike Tyson und Madonna in Anspruch genommen, die sich sämtlich als Fehlgriff herausgestellt haben. Auch *Hertz* hat seine Entscheidung, sich die Ausstrahlung von O.J. Simpson zunutze zu machen, bitter bereut.

Sponsorenschaften können eine Ausgabe oder eine Investition sein. Wenn die eingesetzten Mittel nicht zu Umsatzsteigerungen oder zur Mehrung des Firmenvermögens beitragen, sind sie als Ausgaben zu bewerten. Um ihre Sponsorengelder jedoch zu Investitionen zu machen, müssen Unternehmen bei der Auswahl der Personen oder Anliegen größte Sorgfalt und Umsicht walten lassen.

Die entscheidende Frage lautet, was ein Unternehmen gewinnt, wenn es seinen Namen an einem Stadion oder Formel-1-Rennwagen anbringt oder bei einem Golfturnier oder einer Kunstausstellung zur Schau stellt. Hilft es dem Sponsor, mehr Produkte zu verkaufen? Die meisten Unternehmen haben ihre Fördertätigkeiten nicht gründlich durchdacht. Tatsächlich werden Sponsorenschaften oft irgendwann begonnen und aus Trägheit oder aus der Sorge heraus unendlich fortgesetzt, dass die Firma im Falle eines Ausstiegs kritisiert wird.

Wenn Ihr Unternehmen sich als Sponsor betätigen möchte, sollten Sie sorgfältig darauf achten, dass die Sponsorenschaft mit Ihrem Zielmarkt und Ihren Produkten oder Dienstleistungen harmoniert und für den Markt relevant ist. Als Vorbild dient hier das Sponsoring des Ironman-Triathlon durch den Uhrenhersteller *Timex*. *Timex* kann bei dieser Veranstaltung wunderbar demonstrieren, dass seine Uhren auch bei größter Belastung zuverlässig funktionieren (»take a lickin and keep on ticking«). Dagegen wäre es unsinnig, wenn der Geschäftsbereich Babynahrung von *Nestlé* eine Veranstaltung in einem Pflegeheim fördern würde.

Legen Sie bewusst die Ziele fest, die Sie mit Ihrer Fördertätigkeit erreichen wollen. Ihre Investition muss sich positiv auf Ihre Bekanntheit, Ihr Image oder die Kundentreue auswirken und dadurch zu Umsatzsteigerungen führen. Erkundigen Sie sich, in welchem Maß Ihr Umsatz wachsen müsste, um die Kosten des Sponsoring zu rechtfertigen. Nehmen Sie nach Abschluss einer Sponsorentätigkeit eine Prüfung vor, um herauszufinden, ob die Zielvorgaben erfüllt wurden. Es ist allerdings zugegebenermaßen schwierig, den aus einer Fördertätigkeit entstehenden Nutzen zu messen. Sollten Sie feststellen, dass Ihr Auftritt als Sponsor nicht viel gebracht hat, verbuchen Sie ihn unter Menschenfreundlichkeit.[42]

Strategie

Die Strategie ist das Bindemittel, mit dem Sie Ihrem Zielmarkt ein einheitliches und unverwechselbares Nutzenangebot unterbreiten. Bruce Henderson, Gründer der *Boston Consulting Group*, warnte: »Solange ein Unternehmen gegenüber seinen Rivalen nicht in mindestens einem Punkt klar im Vorteil ist, hat es keinen Daseinsgrund.«

Wenn Sie dieselbe Strategie wie Ihre Wettbewerber verfolgen, haben Sie keine Strategie. Wenn Ihre Strategie sich zwar von anderen Strategien unterscheidet, aber leicht kopiert werden kann, handelt es sich um eine schwache Strategie. Ist Ihre Strategie aber einzigartig und schwer kopierbar, sind Sie mit einer starken und nachhaltigen Strategie gesegnet.

Michael Porter von der *Harvard*-Universität zog eine klare Trennlinie zwischen operativen Spitzenleistungen und strategischer Positionierung.[43] Zu viele Unternehmen streben nach operativen Bestleistungen und halten dieses Vorgehen für Strategie. Sie geben sich größte Mühe, »Benchmarking« mit »Best-of-Class-Unternehmen« zu betreiben, um sich einen Vorsprung vor der Konkurrenz zu sichern. Wenn Sie jedoch am gleichen Wettbewerb teilnehmen wie Ihre Rivalen, können die Rivalen aufholen. Laufen Sie stattdessen Ihr eigenes Rennen. Unternehmen besitzen eine gute Strategie, wenn sie bestimmte Zielkunden ansprechen, auf spezifische Bedürfnisse eingehen und ein eigenes Leistungspaket bereitstellen.

Es gibt zahlreiche Beispiele für hervorragende Unternehmensstrategien:

- *Southwest Airlines,* die rentabelste Fluggesellschaft der Vereinigten Staaten, wird in vielerlei Hinsicht anders geführt als andere Airlines: Ihr Zielmarkt sind preissensible Kurzstreckenflieger, sie fliegt Punkt-zu-Punkt-Verbindungen statt über Drehkreuze, sie setzt nur *Boeings 747* ein und reduziert somit den Ersatzteilbestand und die Kosten für das Pilotentraining, sie verkauft nur Economy-Class-Tickets und vergibt keine Platzreservierungen, sie serviert keine Mahlzeiten, befördert Gepäck nicht zu anderen Fluggesellschaften und so weiter. Dies führt dazu, dass *Southwest Airlines* schon 20 Minuten nach einer Landung wieder starten kann, während die Wettbewerber eine Pause von rund 60 Minuten einlegen müssen. Folglich befinden sich die Maschinen der *Southwest Airlines* länger in der Luft und erwirtschaften eine höhere Kapitalrendite.
- *IKEA,* weltgrößter Möbelfabrikant, sucht nach kostengünstigen Grundstücken in großen Städten, baut ein gigantisches Möbelhaus mit Restaurant und Kinderbetreuung, verkauft hochwertige Möbel zu günstigen Preisen, die von den Kunden mitgenommen und zu Hause montiert werden, bietet Mitgliedschaften an, die bei einem Einkauf Rabatte gewähren, und ist auch in zahlreichen anderen Aspekten von Möchtegern-Imitatoren schwer zu kopieren.
- *Harley Davidson* verkauft nicht nur Motorräder, sondern bietet auch Zugang zu einer sozialen Gemeinschaft, deren Mitglieder gemeinsame Ausflüge unternehmen, Rennen austragen und mit ih-

ren *Harley Davidson*-Lederjacken, anderen Kleidungsstücken, Uhren, Stiften und in den dazugehörigen Restaurants gemeinsam den typischen *Harley Davidson*-Lebensstil pflegen.

Unternehmen besitzen eine einzigartige Strategie, wenn sie (1) einen eindeutigen Zielmarkt und eindeutige Bedürfnisse definiert haben, (2) ein unverwechselbares und überzeugendes Nutzenangebot für diesen Markt entwickelt haben und (3) ein charakteristisches Liefernetzwerk aufgebaut haben, um das Nutzenangebot zum Zielmarkt zu transportieren. Nirmalya Kumar spricht in diesem Zusammenhang vom Nutzenadressat, Nutzenangebot und Nutzennetzwerk. Dank des einzigartigen Gefüges ihrer Geschäftsprozesse und Tätigkeiten lassen sich solche Firmen nur schlecht nachbilden.

Firmen, die ihren ganz eigenen Stil der Geschäftstätigkeit entwickeln, können die Kosten senken, Preiserhöhungen durchsetzen oder beides. Während ihre Wettbewerber einander immer mehr gleichen und gezwungen sind, über den Preis zu konkurrieren, entziehen sich strategisch positionierte Anbieter diesem selbstmörderischen Treiben, indem sie eigene Spielregeln aufstellen.

Diese Anbieter verfallen nicht dem Irrglauben, dass ein Unternehmen schon deshalb eine Strategie besitze, weil es ins Internet geht, Outsourcing betreibt, Umstrukturierungsmaßnahmen plant, andere Firmen übernimmt oder Customer Relationship Management einführt. Derlei Initiativen können problemlos imitiert werden. Darüber hinaus sagen sie nichts darüber aus, wie ein Unternehmen eine nachhaltige Strategie entwickeln will.

Eine der besten Regeln für die Strategieentwicklung lautet: Finden Sie heraus, was Ihre Zielkunden mögen, und bieten Sie ihnen mehr davon. Finden Sie heraus, was Ihre Kunden nicht mögen, und reduzieren Sie es. Das heißt, dass Sie sich mehr mit dem Markt beschäftigen müssen, um Präferenzen zu ermitteln. Al Ries und Jack Trout vertraten folgende Ansicht: »Strategien sollten auf dem Acker der Märkte wachsen, nicht in der sterilen Welt der Elfenbeintürme.«

Sorgen Sie dafür, dass Ihre Strategie auf einer einzigartigen Synthese von Produktmerkmalen, Design, Qualität, Service und Kosten beruht. Sie haben eine beneidenswerte Strategie entwickelt, wenn diese Ihnen eine derart vorteilhafte Marktposition verschafft hat, dass Ihre Wettbewerber nur mit hohem Zeitaufwand und untragbar hohem Kostenaufwand kontern können.

Wodurch kennzeichnet sich eine schlechte Strategie? Man erkennt sie auf den ersten Blick.

- *Strategien von gestern.* Sears und *General Motors* beispielsweise reagieren in der Regel auf den Markt von gestern. »Sie brauchen nicht auf ein besseres Morgen zu hoffen, wenn Sie ständig über gestern nachdenken.« (Charles F. Kettering, amerikanischer Erfinder.) Viele Unternehmen klammern sich mit aller Kraft an veraltete Strategien. Dee Hock, ehemaliger CEO von *Visa*, meinte: »Das Problem liegt nicht darin, neue, innovative Gedanken in den Kopf zu bekommen, sondern die alten herauszukriegen.«
- *Protektionismus.* Amerikanischen Stahlproduzenten fehlt es an einer Strategie, weil sie ihre gesamte Zeit damit verbringen, sich um den staatlichen Schutz ihrer Branche zu bemühen. Protektionismus ist ein sicherer Weg, Ihr Business zu verlieren.
- *Marketingschlachten.* Preiskriege und gegenseitige Vernichtung deuten eher auf das Fehlen als auf die Existenz einer Strategie hin.
- *Konzentration auf Probleme.* Peter Drucker warnte davor, »Probleme zu füttern und Chancen verhungern zu lassen«.
- *Keine klare Zielsetzung.* Unternehmen begehen oft den Fehler, dass sie ihre Ziele nicht klar äußern oder keine klaren Prioritäten setzen. »Wenn Sie nicht wissen, wo Sie hinwollen, werden Sie dort wahrscheinlich nicht ankommen.« (Viri Mullins, Präsident von *Armstrong's Lock & Supply*.) Ich rate in der Regel dazu, eher das strategisch Richtige zu tun als unmittelbaren Profit anzustreben.
- *Sich auf Übernahmen verlassen.* Unternehmen, die ihre Wachstumspläne auf Übernahmen statt auf Innovationen aufbauen, sind suspekt. Die Hälfte der heute von einem Unternehmen aufgekauften Betriebe wird morgen wieder abgestoßen.

- *Die Strategie der Mitte.* Was passiert mit denen, die mitten auf der Straße marschieren? Sie werden überrollt.
- *Nichts verbessern, solange es noch brauchbar ist.* Dieser Grundsatz hat schon viel Schaden angerichtet. »Was heute noch brauchbar ist, können Sie ruhig selbst vernichten, weil es in Kürze jemand anderes tun wird.« (Wayne Calloway, CEO von *PepsiCo*)

Wir stehen vor der traurigen Tatsache, dass viele Unternehmen zwar viel taktieren, aber wenig strategisch arbeiten. Sun Tzu erklärte im vierten Jahrhundert vor Christus: »Alle Menschen können die Taktik sehen, mit der ich erobere. Was niemand sehen kann, ist die Strategie, auf der meine Siege beruhen.«[44]

Technologie

Jede neue Technologie kann den Prozess der »schöpferischen Zerstörung« einleiten. Ein Unternehmen bricht sich das Genick eher an einer neuen Technologie als an der Konkurrenz. Die Hersteller von Pferdekutschen mussten nicht vor einer besseren Droschke weichen, sondern vor Transportmitteln, die keine Zugtiere mehr benötigten. Transistoren schadeten der Elektronenröhrenindustrie, die Xerographie schadete der Kohlepapierindustrie und die Digitalkamera schadet zur Zeit der Fotofilmindustrie.

Innovative Technologien können auch soziale Beziehungen und den Lebensstil verändern. Die Pille beispielsweise hat maßgeblich dazu beigetragen, dass die Zahl der Kinder pro Familie abgenommen hat, mehr Frauen ins Erwerbsleben eingetreten sind und das verfügbare Einkommen gestiegen ist – dies wiederum hat die höheren Ausgaben für Urlaubsreisen, Gebrauchsgüter und Luxusprodukte ermöglicht.

Neue Technologien bringen hoffentlich mehr Produktivitätssteigerungen als Kostensteigerungen mit sich. Führen Sie jedoch auf keinen

Fall neue Technologien in eine alte Organisation ein – das Ergebnis ist lediglich eine teure alte Organisation.

Telemarketing und Callcenter

Geschickt eingesetzt, kann das Telefon in der Kommunikation mit dem Kunden ausgezeichnete Dienste leisten. Sie lernen Ihren Kunden nicht nur besser kennen, sondern können ihm auch das Gefühl vermitteln, sich aufmerksam um ihn zu kümmern. Versierte Telemarketer schnappen bei Kunden neue Ideen auf, führen Umfragen durch, um sich ein detailliertes Bild von dem jeweiligen Markt zu machen, und verkaufen bestehenden Kunden vielleicht sogar andere als die bisher bezogenen Produkte.

Lands' End macht es richtig. Rund 85 Prozent der Bestellungen des Bekleidungshauses gehen telefonisch ein. Neue Telefonmitarbeiter erhalten erst eine 75-stündige Schulung, bevor sie die Arbeit aufnehmen. Kunden können rund um die Uhr anrufen und *Lands' End* beantwortet 90 Prozent der Anrufe binnen 10 Sekunden. Sind alle Leitungen besetzt, werden die Anrufe an Telefonmitarbeiter weitergeleitet, die sich zu Hause bereithalten. Außerdem können Kunden, die die Website von *Lands' End* besuchen, durch einfaches Anklicken eines Computer-Icons einen Mitarbeiter anrufen.

Leider betreiben nur wenige Unternehmen ihren Telefonservice auf derart fortschrittliche Weise. Viele Firmen konnten ihren Telefondienst gar nicht schnell genug automatisieren und haben jede menschliche Schnittstelle entfernt. Man ruft an und hört eine digitale Stimme, die einem neun Wahlmöglichkeiten anbietet. Haben Sie sich für eine entschieden, bekommen Sie vier weitere Optionen präsentiert, anschließend wieder drei. Außerdem ist die Leitung oft belegt (da das Unternehmen sich strikt weigert, genügend Terminals oder Mitarbeiter einzusetzen), oder man verbringt einen langen Zeitraum in der Warteschleife, ehe man endlich eine menschliche Stimme zu hören bekommt. Und diese Stimme klingt nicht selten müde, abweisend oder gelangweilt.

Eine Fluggesellschaft treibt es sogar so weit, dass wartende Anrufer nach 59 Minuten aus der Leitung geworfen werden – und dies nur, weil sich das Gehalt des zuständigen Managers nach der durchschnittlichen Anrufbearbeitungszeit richtet. Wie mag sich jemand fühlen, der erst eine knappe Stunde wartet und dann aus der Leitung geworfen wird? Und wie wird sich ein solches Erlebnis auf die Einstellung des Kunden zu dem Unternehmen auswirken?

Die Frage, wie viel Zeit Sie am Telefon mit einem redseligen Kunden verbringen sollten, ist berechtigt. Viele Unternehmen schulen ihre Telemarketer darin, gesprächigen Anrufern mit Fingerspitzengefühl zu begegnen. Es empfiehlt sich jedoch, die Zufriedenheit des Kunden in den Vordergrund zu stellen, nicht die Bearbeitungsgeschwindigkeit.

Die Unternehmensführung sollte ihre Telemarketer wissen lassen, dass die Gespräche überwacht werden. So stellt sie sicher, dass Kunden freundlich und zuvorkommend behandelt werden, und sie kann dafür sorgen, dass die erfolgreichen Methoden der besten Mitarbeiter weitergegeben werden. In manchen Firmen betätigen sich die Führungskräfte auch selbst einmal als Telemarketer, um das Potenzial und die Probleme dieser Tätigkeit kennen zu lernen.

Das Telemarketing der Zukunft muss sich von einseitigen Verkaufsgesprächen zu zweiseitigen Dialogen entwickeln, von unangemeldeten telefonischen Erstkontakten, den so genannten »Cold Calls«, zum gezielten Beziehungsaufbau. Statt einen völlig unbekannten Konsumenten zu kontaktieren, sollten Sie ausgewählten Interessenten gezielte, sinnvolle Angebote unterbreiten.

Trends in der Marketingtheorie und -praxis

Im Marketing sind derzeit folgende Trends zu erkennen:

- *Vom klassischen »Make-and-Sell-Marketing« zum »Sense-and-Response-Marketing«.* Ihr Unternehmen wird erfolgreicher sein, wenn Sie die Aufgabe des Marketing darin sehen, ein tiefgreifendes Verständnis der Kundenbedürfnisse zu entwickeln, anstatt lediglich mehr Produkte abzusetzen.
- *Von der Konzentration auf die Kundengewinnung zur Konzentration auf die Kundenbindung.* Unternehmen müssen ein größeres Augenmerk darauf legen, bestehende Kunden zu betreuen und zufrieden zu stellen, statt sich auf eine endlose Jagd nach Neukunden einzulassen. Dem Übergang vom Transaktionsmarketing zum Beziehungsmarketing kommt eine entscheidende Bedeutung zu.
- *Vom Streben nach Marktanteilen zum Streben nach einem größeren »Anteil am Kundenbudget«.* Der beste Weg, Ihren Marktanteil zu steigern, liegt darin, Ihren Anteil am Kundenbudget auszubauen – das heißt, dem einzelnen Kunden mehr Produkte und Dienstleistungen zu verkaufen.
- *Vom Marketingmonolog zum Kundendialog.* Sie bauen eine stärkere Beziehung zum Kunden auf, wenn Sie ihm zuhören und mit ihm sprechen, anstatt nur einseitige Botschaften zu senden.
- *Vom Massenmarketing zum kundenindividuellen Marketing.* Der Massenmarkt zerfällt in Mikromärkte, und Ihr Unternehmen kann seine Marketingbemühungen jetzt gezielt auf einzelne Kunden richten.
- *Vom Besitz von Anlagegütern zum Besitz von Marken.* Viele Firmen beginnen, ihren Marken größeren Wert beizumessen als ihren Fabriken. Sie versprechen sich vom Abbau materieller Vermögenswerte und von der Auslagerung ihrer Produktion eine bessere Rendite.
- *Vom Agieren auf dem Markt zum Agieren im Cyberspace.* Intelli-

gente Unternehmen entwickeln eine Online- und eine Offline-Präsenz. Sie nutzen das Internet für Kauf, Verkauf, Personalsuche, Training, Austausch und Kommunikation.

- *Vom Marketing über einen einzelnen Absatzkanal zum Marketing über viele Absatzkanäle.* Firmen verlassen sich nicht mehr auf einen einzigen Vertriebskanal, um alle ihre Kunden zu erreichen und zu bedienen. Kunden haben im Hinblick auf die Absatzkanäle, über die sie auf die Produkte und Dienstleistungen eines Unternehmens zugreifen, unterschiedliche Präferenzen.
- *Vom produktorientierten Marketing zum kundenorientierten Marketing.* Gutes Marketing lässt sich daran erkennen, dass ein Unternehmen sich nicht länger auf seine Produkte fokussiert, sondern den Kunden ins Zentrum seiner Aufmerksamkeit rückt.

Diese Trends breiten sich in den verschiedenen Branchen und Unternehmen mit unterschiedlicher Geschwindigkeit aus. Jedes Unternehmen muss sich Gedanken darüber machen, wo es augenblicklich steht und ob es auf die einzelnen Entwicklungen gut vorbereitet ist.

Unternehmen

Man kann vier Arten von Unternehmen unterscheiden:

1. Unternehmen, die etwas bewegen.
2. Unternehmen, die zusehen, wie etwas bewegt wird, und dann reagieren.
3. Unternehmen, die zusehen, wie etwas bewegt wird, und nicht reagieren.
4. Unternehmen, denen völlig entgeht, dass sich etwas bewegt.

Es ist kein Wunder, dass ein durchschnittliches Unternehmen eine Lebensdauer von nur 20 Jahren hat. Von den 1917 in der *Forbes-100-*

Liste aufgeführten besten Unternehmen existierten im Jahr 1987 nur noch 18. Und nur zwei von ihnen, *General Electric* und *Eastman Kodak*, fuhren satte Gewinne ein.

Nicht alle Unternehmen sind wirklich lebendig. Manche halten sich mit Mühe und Not über Wasser. *General Motors* und *Sears* verloren jahrelang Marktanteile, sind aber auch heute noch im Rennen. Es gibt Unternehmen, bei denen man schon nach 15 Minuten weiß, ob sie eher tot oder lebendig sind. Man braucht dazu nur die Mienen der Mitarbeiter zu beobachten.

Ich kann heute nicht mehr sagen, was ein großes Unternehmen ist. Die Unternehmensgröße ist relativ. *Boeing, Caterpillar, Ford, General Motors, Kellogg's, Eastman Kodak, J. P. Morgan* und *Sears* sind Riesenkonzerne. Aber Anfang 2000 erreichte *Microsoft* einen Marktwert, der höher war als der aller acht Konzerne zusammen.

Was macht manche Unternehmen so erfolgreich? Eine Auswahl von Büchern erhebt den Anspruch, auf diese Frage eine Antwort gefunden zu haben. Tom Peters und Bob Waterman begannen das Rätselraten mit *In Search of Excellence* im Jahr 1982.[45] Von den 70 Unternehmen, die sie als vorbildlich bezeichneten, kämpfen heute aber viele ums Überleben. Dann meldeten sich Jim Collins und Jerry Porras in *Built to Last* (1994)[46], Michael Treacy und Fred Wiersema in *The Discipline of Market Leaders* (1995)[47], Arie De Geus in *The Living Company* (1997)[48] und jüngst wieder Jim Collins in *Good to Great: Why Some Companies Make the Leap ... and Others Don't* (2001)[49] zu Wort.

Die Autoren all dieser Bücher weisen auf viele Zusammenhänge zwischen Variablen hin, die sie in erfolgreichen Unternehmen festgestellt haben. Aber ich habe dem eine einfache These entgegenzusetzen: Unternehmen überdauern so lange, wie sie ihren Kunden hervorragende Werte liefern. Sie werden von den Märkten und den Kunden angetrieben. Im Idealfall treiben sie aber auch selbst die Märkte an. Sie schaffen neue Produkte, nach denen vielleicht niemand verlangt hat, für die man ihnen aber dankbar ist.

Kundenorientierte Unternehmen erzielen stetige Zuwächse im

»Mind Share« und im »Heart Share« des Verbrauchers: Sie erobern sich einen Platz in seinem kognitiven Bewusstsein und lassen eine emotionale Bindung des Verbrauchers zur Marke entstehen. Dies wiederum führt zu höheren Marktanteilen und Gewinnen.

Tom Siebel, CEO von *Siebel Systems*, hat einfach, aber treffend zusammengefasst, worauf es für jedes hervorragende Unternehmen ankommt: »Konzentrieren Sie sich darauf, Ihre Kunden zufrieden zu stellen, Marktführer zu werden und sich einen Namen als guter Unternehmensbürger und guter Arbeitgeber zu machen. Alles andere ergibt sich daraus.«

Unternehmensauftrag

Unternehmen werden gegründet, um einen Auftrag zu erfüllen. Natürlich können Firmen unterschiedliche Zielsetzungen formulieren:

- Auftrag von *Dell*: »Die erfolgreichste Computerfirma der Welt zu sein und auf den von uns bedienten Märkten die beste Kundenerfahrung zu ermöglichen.«
- Auftrag der *Mars Company*: »Der Kunde ist unser Chef, Qualität ist unsere Arbeit, und Werthaltigkeit ist unser Ziel.«
- Auftrag von *McDonald's*: »Wir verfolgen die Vision, uns als weltweit bestes 'Schnellrestaurant' zu präsentieren. Das bedeutet, großartige Restaurants zu eröffnen und zu betreiben und herausragende Qualität, herausragenden Service, herausragende Sauberkeit und herausragenden Wert zu liefern (Quality, Service, Cleanliness and Value, QSCV).«

Der Erfolg von *Virgin Atlantic Airways* beruht zum Teil darauf, dass *Virgin* sein Geschäft umdefiniert hat und sich nicht mehr nur als Transportunternehmen, sondern auch als Entertainer sieht. *Virgin* versucht, bei seinen Fluggästen keine Langeweile aufkommen zu lassen und bietet Videos, Massagen, Eiscreme und andere Leistungen, die von den Konkurrenten erst später imitiert wurden.

Johnson & Johnson ordnet seine Ziele nach Priorität: An erster Stelle ist das Unternehmen seinen Kunden gegenüber verpflichtet, dann seinen Mitarbeitern, an dritter Stelle dem regionalen Umfeld und danach erst seinen Aktionären. Diese Prioritätensetzung ist der beste Weg, den Aktionären Gewinne zu bescheren.

Die meisten Unternehmensleitbilder enthalten durchaus die richtigen Sätze: »Unser wichtigstes Kapital sind die Menschen.« »Wir werden die Besten in unserer Branche sein.« »Wir wollen die Erwartungen übertreffen.« »Wir sind bestrebt, für unsere Aktionäre überdurchschnittliche Renditen zu erwirtschaften.« Wer sich mit seinem Unternehmensleitbild wenig Arbeit machen möchte, baut diese Sätze irgendwie zusammen.

Drucken Sie Ihren Leitsatz auf die Rückseite Ihrer Visitenkarten, um Ihre Mitarbeiter, potenzielle Kunden und Kunden daran zu erinnern, wofür Ihr Unternehmen steht.

Unternehmensführung

Ein Unternehmen zu führen bedeutet, Kompromisse einzugehen und Widersprüche miteinander zu vereinbaren. Rosabeth Moss Kanter von der *Harvard*-Universität bemerkte: »Es gibt einen immerwährenden Balanceakt in jedem Unternehmen: Zurückschneiden und wachsen, abbauen und aufbauen, mehr leisten mit weniger Ressourcen, aber in neuen Bereichen.«

Jeder Unternehmensbereich verfolgt seine eigene Agenda. Der Werbemanager sieht das Heil des Unternehmens darin, mehr Werbung zu betreiben, der Vertriebsleiter möchte mehr Verkäufer einstellen, der für Absatzförderung zuständige Manager möchte mehr Geld für neue Verkaufsaktionen und die F&E-Abteilung ruft nach mehr Mitteln für die Produktverbesserung und Produktentwicklung.

Leider scheitern Unternehmen gerade deshalb, weil ihre einzelnen Abteilungen nur ihre eigene Aufgabe gut erledigen. Sie verfolgen ihre jeweils eigenen Prioritäten, nicht die übergreifenden Unternehmensprioritäten. Es ist das Verdienst des *Reengineering*-Konzepts, dass es den Fokus weg von Abteilungen hin zum Management der Kernprozesse verlagern half. Jeder Kernprozess – ob Produktentwicklung, Kundengewinnung und -bindung oder Auftragsabwicklung – erfordert das Zusammenwirken mehrerer Abteilungen. Immer häufiger werden große Firmeninitiativen als interdisziplinäre Teamprojekte und nicht als Abteilungsprojekte gestartet.

Das Management darf in seiner Wachsamkeit nie nachlassen. Das Wirtschaftsgeschehen ist mit einem Wettlauf vergleichbar, bei dem es keine Ziellinie gibt. Der frühere *Intel*-Chef Andrew Grove postulierte sogar das Grove'sche Gesetz: »Nur die Paranoiden überleben.« Die Japaner dagegen sehen die Aufgabe des Managements positiver und haben das *Kaizen*-Modell entwickelt: »Alles wird jederzeit durch jeden verbessert.« Sie ziehen es vor, täglich kleine Verbesserungen zu erzielen, anstatt auf den großen Durchbruch zu hoffen. Ein Unternehmen, das aufhört, besser zu werden, wird in ihren Augen schon schlechter.

Es reicht aber auch nicht aus, die Effizienz der vorhandenen Abläufe zu verbessern. Viele Unternehmen, die gutes Management auf diese Weise definierten, mussten diesen Trugschluss schon mit dem Ruin bezahlen. Das Management macht einen großen Fehler, wenn es nur eine Nabelschau betreibt und nicht nach außen blickt. Es übersieht Veränderungen bei Kunden, Konkurrenten und Vertriebswegen. Es nimmt weder Gefahren noch Chancen wahr. John Le Carré formulierte es so: »Ein Schreibtisch ist ein sehr gefährlicher Ort, um die Welt zu betrachten.«

Die meisten Unternehmen werden von Ausschüssen geführt. Der Journalist Richard Harkness definierte einen Ausschuss als »eine Ansammlung von Unwilligen, entsandt von Unfähigen, damit beauftragt, Unnötiges zu tun.« Andere bezeichnen Ausschüsse als ein hervorragendes Instrument, wenn man nichts erreichen will. Peter

Drucker beobachtete: »90 Prozent dessen, was wir 'Management' nennen, behindert die Erledigung der anstehenden Aufgaben nur.«

Eine Ausschusssitzung sollte grundsätzlich nach 45 Minuten beendet sein. Zumindest sollten die Teilnehmer über ihre Fortsetzung abstimmen. Manche sagen, die optimale Größe für einen Ausschuss liege bei null Mitgliedern. Der ehemalige US-Senator Harry Chapman erteilte Ausschussmitgliedern folgende Ratschläge:

1. Kommen Sie nie pünktlich – damit geben Sie sich als Anfänger zu erkennen.
2. Sagen Sie nie etwas, bevor die Besprechung schon halb vorbei ist – damit erwecken Sie den Eindruck völliger Souveränität.
3. Drücken Sie sich möglichst vage aus, um die anderen Teilnehmer nicht aus dem Konzept zu bringen.
4. Im Zweifel schlagen Sie vor, einen Unterausschuss zu gründen.
5. Beantragen Sie als Erster eine Vertagung – damit machen Sie sich beliebt, denn alle warten darauf.

Unternehmensorganisation

Für wen sollte die Unternehmenszentrale arbeiten? Für die Mitarbeiter natürlich. Die Zentrale hat die Aufgabe, es den Mitarbeitern so leicht wie möglich zu machen, optimale Leistungen zu erzielen. Robert Potter, ehemaliger President der *Monsanto Chemical Company*, meinte dazu: »Die Leiter der Geschäftsbereiche bezahlen die Dienste der Zentrale aus ihrem jeweiligen Etat. Wenn sie meinen, dass sie zu viel berappen müssen, streichen wir einfach den Job [der Zentrale].«

Die Verkaufsabteilung ist nicht das ganze Unternehmen, doch das ganze Unternehmen sollte sich als Verkaufsabteilung begreifen. Nicht jeder Mitarbeiter ist ein Marketingmanager, doch jeder Mitarbeiter sollte im Marketingmanagement tätig sein. Diesen Punkt spricht Hiroyuki Takeuchi in seinen Ausführungen über japanische Firmen an:

» 50 Prozent der japanischen Unternehmen unterhalten keine Marketingabteilung, und 90 Prozent besitzen keinen eigenen Marktforschungsbereich. Das liegt daran, dass alle Mitarbeiter als Marketingexperten betrachtet werden. «

Unternehmen sind vertikal organisiert, während Prozesse horizontal ablaufen. Das *Reengineering*-Konzept möchte diese Inkongruenz beheben und befürwortet dazu die Bildung funktionsübergreifender Teams, die für die Schlüsselprozesse zuständig sind.

Unternehmen, die in Geschäftsbereiche gegliedert sind, neigen dazu, sich stärker auf Produkte als auf ihre Branche oder ihre Kunden zu konzentrieren. Dabei stellen die verschiedenen Geschäftsbereiche jedoch Produkte her, die schließlich derselben Branche oder demselben Kunden geliefert werden. *Siemens* hat unlängst eine Ausrichtung auf vier Branchenschwerpunkte eingeführt: Krankenhäuser, Flughäfen, Stadien und Universitäten. Für jede Branche wurde ein leitender Manager ernannt, der dafür zuständig und verantwortlich ist, die Zusammenarbeit der verschiedenen Abteilungen zu koordinieren.

Unternehmensziele

Ganz allgemein ausgedrückt, besteht das Ziel eines Unternehmens darin, Erträge zu erwirtschaften, die über den Kapitalkosten liegen. Durch Investitionen sollen Wertsteigerungen – Economic Value Added oder EVA – geschaffen werden. Darüber hinaus können Unternehmen weitere Ziele verfolgen:

- *Unternehmenswachstum.* Unternehmen müssen wachsen, aber das Wachstum muss sich auch lohnen. Zu oft gehen die Firmen auf Einkaufstour oder dehnen ihren geografischen Einflussbereich aus, nur um den Umsatz auf Kosten des Ertrags zu steigern. Sie kaufen Wachstum, anstatt es zu verdienen.
- *Marktanteil.* Ein verbreiteter Fehler ist der, so viele Kunden wie

möglich gewinnen zu wollen. Aber ein höherer Marktanteil bedeutet häufig, dass die Zahl der unzuverlässigen Kunden steigt. Die Unternehmen wären besser beraten, sich auf die Betreuung der loyalen Kunden zu konzentrieren, sie besser kennen zu lernen und ihnen gezielt die passenden Produkte und Dienstleistungen anzubieten.

- *Umsatzrendite.* Manche Unternehmen konzentrieren sich darauf, eine bestimmte Gewinnspanne zu erreichen oder zu halten. Aber die angestrebte Gewinnspanne muss auch auf das Umsatzvolumen abgestimmt werden, das im Verhältnis zum Gesamtkapital erwirtschaftet wird (Kapitalumschlag).

- *Wachstum des Gewinns je Aktie.* Unternehmen setzen sich Ziele für ihre Gewinne je Aktie (EPS). Aber der Gewinn je Aktie spiegelt nicht zwangsläufig die Kapitalrendite, weil man ihn auch steigern kann, indem man Aktien zurückkauft, bestimmte Abschreibungen vornimmt und verschiedene kreative Buchführungsmethoden anwendet.

- *Ruf.* Unternehmen sollten bestrebt sein, sich einen guten Ruf zu erwerben. Die wichtigsten Ziele gehen dabei in vier Richtungen: (1) Sie sollten für Ihre Kunden der Lieferant der Wahl sein, (2) Sie sollten für die Beschäftigten der Arbeitgeber der Wahl sein, (3) Sie sollten für die Distributoren der Partner der Wahl sein, (4) Sie sollten für die Investoren das Unternehmen der Wahl sein. Das Kapital, das sich in Ihrem guten Ruf verbirgt, trägt zum Hauptziel bei, nämlich zur Erwirtschaftung einer Rendite, die über den Kapitalkosten liegt.

Hat ein Unternehmen sein Ziel oder seine Ziele geklärt, muss es spezifische Ziele für die Unternehmensebene, die Geschäftsabteilungen und die verschiedenen Abteilungen entwickeln. Diese Ziele treiben den Planungsprozess voran und beinhalten Anreize und Belohnungen. Peter Drucker, Vater des Management by Objectives, klagte dennoch: »Das *Management by Objectives* funktioniert, wenn man die Ziele kennt. 90 Prozent der Zeit kennt man sie aber nicht.«

Die Baseball-Legende Yogi Berra warnte: »Wer nicht weiß, wohin er geht, wird wahrscheinlich ganz woanders landen.« Aber wie setzt man ein Ziel? Seine Antwort war nicht hilfreich: »Wenn Sie an eine Kreuzung kommen, entscheiden Sie sich für eine Richtung und gehen dann weiter.«

Denken Sie sorgfältig über Ihre Ziele nach. Das Ziel der Schnelligkeit etwa ist nur nützlich, wenn auch die Richtung stimmt. Ein Flugzeugpilot meldete sich einmal bei seinen Passagieren mit der folgenden Mitteilung zu Wort: »Ich habe eine gute und eine schlechte Nachricht. Die schlechte Nachricht zuerst: Ich weiß nicht, wohin wir fliegen. Die gute Nachricht: Wir kommen schnell dorthin.«

Unternehmertum

Jedes Unternehmen beginnt als eine Idee im Kopf eines Unternehmers. Der Unternehmer verspürt den Drang zu Neuem und bringt die erforderliche Energie mit. Er ist ein moderner Pionier auf der Suche nach neuen Grenzen. Er geht Risiken ein, selbst wenn alles dagegen zu sprechen scheint. Das Ziel, Geld zu verdienen, tritt für ihn hinter dem Streben zurück, Neues zu schaffen. Wenn den Unternehmern Erfolg beschieden ist, können sie neue Arbeitsplätze schaffen.

Allerdings gibt es auch ein chinesisches Sprichwort, das besagt: »Es ist sehr leicht, ein Unternehmen zu gründen, aber sehr schwierig, es zu betreiben.« Und die Arbeitszeiten sind lang. »Ein Unternehmer arbeitet 80 Wochenstunden, nur um nicht 40 Wochenstunden für jemand anderes arbeiten zu müssen.« (Ramona E. F. Arnett)

Bewährt sich die Geschäftsidee, wächst und expandiert das Unternehmen. Früher oder später setzt Routine ein. Der Unternehmer konzentriert sich zunehmend auf die Perfektionierung der Abläufe und die Optimierung der Effizienz, bis sein Unternehmen einer gut geölten Maschine gleicht. Was dabei verloren geht, ist die leidenschaftliche Begeisterung des Unternehmers. Er übersieht, dass seine Produkte und Dienstleistungen ihre Bedeutung verlieren könnten, weil sich die Märkte ständig ändern. Es ist deshalb von entscheidender Wichtigkeit, den Unternehmergeist lebendig zu halten und nicht in Routine zu verfallen.

Das kann auf unterschiedliche Weise geschehen. Ermutigen Sie Ihre Mitarbeiter, ihre Vorschläge zu äußern. Belohnen Sie gute Ideen. Systematisieren Sie die Suche nach Vorschlägen und Ideen. Richten Sie ein eigenes Gremium ein, das für die Entwicklung neuer Ideen zuständig ist. Halten Sie alle drei Monate eine »Ideenrunde« ab, auf der sämtliche Mitarbeiter beschreiben, was sie tun, um neue Ideen zu entwickeln.

Veränderungen

Allein der Wechsel – nicht die Stabilität – ist das Beständige in der heutigen Wirtschaft. Heute müssen die Unternehmen schneller laufen, um am selben Ort zu bleiben. Anders ausgedrückt: Wer immer dieselben Geschäftsfelder bearbeitet, wird verdrängt. Firmen wie *Nokia* und *Hewlett-Packard* haben ihre ursprünglichen Geschäftsfelder ganz aufgegeben. Das Überleben in der Wirtschaft verlangt die Kannibalisierung der eigenen Geschäfte.

Ihr Unternehmen muss in der Lage sein, »strategische Wendepunkte« zu erkennen. Andy Grove von *Intel* verstand darunter »Zeiten im Leben eines Unternehmens, in denen sich seine Grundlagen ändern.« Banken mussten sich dem Wandel stellen, als sich die Bankautomaten durchsetzten, und große Fluggesellschaften sind heute durch die Konkurrenz der Billigpreisflieger dazu gezwungen.

Jack Welch von *General Electric* forderte seine Mitarbeiter auf: »DYB: Destroy Your Business ... Zerstören Sie das eigene Geschäft. Veränderung oder Untergang. Wenn sich Veränderungen innerhalb des Unternehmens langsamer vollziehen als außerhalb, ist sein Ende nahe.«

Tom Peters' Rat lautet: »Um der sich schnell verändernden Wettbewerbslandschaft gewachsen zu sein, müssen wir Veränderungen heute so lieben, wie wir sie gestern noch hassten.«

Ich habe festgestellt, dass amerikanische und europäische Geschäftsleute unterschiedlich auf Veränderungen reagieren. Europäer empfinden sie als Bedrohung. Viele Amerikaner sehen darin neue Chancen. Gerade die heute führenden Unternehmen fürchten Veränderungen oft am meisten. Sie haben so viel in ihre Anlagen investiert, dass sie neue Konkurrenten entweder ignorieren oder bekämpfen. Aufgrund ihrer Größe halten sie sich für unbezwingbar. Aber Größe allein bietet keinen Schutz vor dem Niedergang, wie *Kmart, A&P* und *Western Union* feststellen mussten. Wenn Unternehmen nicht ins Hintertreffen geraten wollen, müssen sie Veränderungen vorausahnen und vorwegnehmen. Mit der Fähigkeit, sich schneller als die Konkurrenten zu ändern, besitzt man einen großen Wettbewerbsvorteil.

Richard D'Aveni, Autor von *Hypercompetitive Rivalries*,[50] merkte an: »Im Grunde gibt es nur zwei Arten von Firmen: diejenigen, die ihre Märkte aufmischen, und diejenigen, die den Angriff nicht überleben.«

Aber wie verändert man ein Unternehmen? Wie bewegt man die Mitarbeiter dazu, neue Einstellungen zu übernehmen, ihre Bequemlichkeit aufzugeben und neue Aufgaben zu erlernen? Es liegt auf der Hand, dass das Topmanagement eine neue, überzeugende Vision und einen Unternehmensauftrag entwickeln muss. Deren Vorteile müssen so überzeugend sein, dass die verschiedenen Anspruchsgruppen das Risiko und die Kosten der Veränderungen bereitwillig auf sich nehmen. Das Topmanagement muss also um Unterstützung kämpfen und die Instrumente des *internen Marketing* anwenden, um Veränderungen zu bewirken.

In Anbetracht des allgemeinen Klimas der Veränderungen scheint die beste Verteidigung darin zu liegen, ein Unternehmen zu schaffen, das auf der Grundlage von Veränderungen gedeiht. Ein solches Unternehmen betrachtet Veränderungen als völlig normal – und nicht als Störung des Normalen. Es zieht Menschen an, die eine positive

Einstellung zu Veränderungen haben. Es stößt offene Diskussionen über die Politik, Strategie, Taktik und Organisation des Unternehmens an. Dagegen zieht ein Unternehmen, das Veränderungen hasst, auch Mitarbeiter an, die Veränderungen hassen, und steuert damit unausweichlich in den Ruin.

Reinhold Niebuhr sagte:»Gott gebe mir die Gelassenheit, Dinge hinzunehmen, die ich nicht ändern kann, den Mut, Dinge zu ändern, die ich ändern kann, und die Weisheit, das eine vom anderen zu unterscheiden.«

Verkauf

»Jeder lebt davon, dass er etwas verkauft«, fand der Romanautor Robert Louis Stevenson. Menschen verkaufen Produkte, Dienstleistungen, Ideen, oder sich selbst. Zyniker betrachten den Verkauf als eine Art zivilisierten Kriegs, der mit Worten und Ideen ausgefochten wird. Und sie setzen das Marketing mit dem Bemühen gleich, einer andernfalls ordinären Rangelei etwas Würde zu verleihen.

Menschen haben unterschiedliche Vorstellungen vom Verkauf. Einige sagen, das Verkaufen beruhe auf »yell, tell and sell« (schreien, reden, verkaufen). Andere halten es mit dem Prinzip »spray and pray« (blind werben und beten). Und eine dritte Fraktion meint, Verkaufen bestehe aus »lunch, golf and dinner«. Außendienstmitarbeiter werden gern als »sprechende Kataloge« bezeichnet.

Man erzählt sich die Geschichte des Werkzeugherstellers *Stanley Works*, dem ein Unternehmensberater sagte: »Sie verkaufen keine Bohrer. Sie verkaufen Löcher.« Verkaufen Sie keine Merkmale. Verkaufen Sie Vorteile, Ergebnisse und Werthaltigkeit.

Einige Menschen sind begnadete Verkäufer. Sie drehen Eskimos einen Kühlschrank an, Karibikbewohnern einen Pelzmantel und Arabern Sand – und zwar mit hohem Gewinn, bevor sie die Produkte dann mit hohem Rabatt wieder zurückkaufen.

Gute Verkäufer wissen, dass sie mit zwei Ohren und einem Mund geboren wurden und daher doppelt so viel zuhören wie reden sollten. Wer einen Kunden vergraulen möchte, dem sei ein aggressives Verkaufsgespräch empfohlen.

Verkäufer können auch fürchterlich langweilig sein. Woody Allen beschwerte sich einmal: »Es gibt Schlimmeres im Leben als den Tod. Haben Sie schon einmal einen Abend mit einem Versicherungsvertreter verbracht?«

Verkäufer müssen ein dickes Fell haben und dürfen Abweisungen nicht persönlich nehmen. Dennis Tamcsin von der Versicherungsgesellschaft *Northwestern Mutual Life Insurance* stellte fest: »In der Versicherungsbranche spricht man vom 10-3-1-Verhältnis. Das bedeutet, dass ein Verkäufer bei zehn Kundenbesuchen drei Mal seine Produkte präsentieren darf, und wenn er eine gute Erfolgsquote vorzuweisen hat, schließt er dabei einen Verkauf ab. Wir brauchen Leute, die sich durch diese Art der Zurückweisung nicht einschüchtern lassen.«

IBM schult seine Verkäufer darin, sich so zu verhalten, als stünden sie stets kurz davor, alle Kunden zu verlieren.

Was macht einen erfolgreichen Verkäufer aus? Zunächst muss ein Verkäufer erkennen, dass der Erste, dem er etwas verkaufen muss, er selbst ist. Er muss mit dem Käufer in sich in Kontakt treten. Und sein Motto sollte lauten: »Ich kümmere mich um die Kunden, nicht um den Umsatz.«

Der Komiker George Burns hatte seine eigene Ansicht zu den Eigenschaften eines erfolgreichen Verkäufers: »Die wichtigsten Faktoren im persönlichen Verkauf sind Ehrlichkeit und Integrität. Wenn Sie die vortäuschen können, haben Sie gewonnen.«

Es folgt eine Geschichte, die den Unterschied zwischen exzellenten und durchschnittlichen Verkäufern veranschaulicht:

Ein Schuhfabrikant aus Hongkong fragte sich, ob auf einer entlegenen Insel im Südpazifik ein Markt für seine Schuhe existierte. Er entsandte einen einfachen Verkäufer auf die Insel, der ihm nach kurzer Untersuchung mitteilte: »Die Leute hier tragen keine Schuhe. Es gibt keinen Markt.« Der Schuhfabrikant gab sich damit nicht zufrieden und schickte einen Außendienstler los. Dieser telegrafierte: »Die Leute hier tragen keine Schuhe. Es gibt einen riesigen Markt.« In der Befürchtung, dass der Anblick all der unbeschuhten Füße den Mann zu einer allzu euphorischen Aussage hingerissen hatte, schickte der Fabrikant einen Dritten auf die Insel, diesmal einen Marketingspezialisten. Dieser befragte das Stammesoberhaupt und einige der Eingeborenen und erstattete schließlich folgenden Bericht:

»Die Leute hier tragen keine Schuhe und leiden deswegen unter wunden Füßen. Ich habe dem Häuptling gezeigt, wie sein Volk dieses Problem durch das Tragen von Schuhen beheben könnte. Er ist begeistert. Er schätzt, dass 70 Prozent seines Volkes Schuhe zu einem Preis von 10 Dollar pro Paar kaufen würden. Wir können im ersten Jahr wahrscheinlich 5.000 Paar Schuhe absetzen. Unsere Kosten für den Warentransport auf die Insel und für den Aufbau eines Vertriebssystems würden sich auf 6 Dollar pro Paar belaufen. Wir erwirtschaften im ersten Jahr einen Gewinn von 20.000 Dollar. Ausgehend von unserer Investition erzielen wir eine Kapitalrendite von 20 Prozent, womit unsere übliche Rendite um 15 Prozent überschritten wird. Von dem hohen Wert unserer zukünftigen Einnahmen möchte ich dabei noch gar nicht reden. Ich empfehle, das Projekt in Angriff zu nehmen.«

Diese Geschichte illustriert, dass effektives Marketing eine genaue Sondierung der Marktchancen erfordert. Außerdem müssen finanzielle Prognosen erstellt werden, die auf der geplanten Strategie basieren und aufzeigen, ob die Rendite die finanziellen Ziele des Unternehmens erfüllen oder übertreffen kann.

In der Vergangenheit zeichnete sich ein begnadeter Verkäufer dadurch aus, dass er dem Kunden den Wert eines Produkts »kommunizieren« konnte. Da sich aber die Produkte heute immer mehr ähneln, überbringen Verkäufer im Wesentlichen auch die gleiche Botschaft. Deshalb besteht ihre Hauptaufgabe immer mehr darin, Wert zu »schaffen«, indem sie den Kunden helfen, Geld zu verdienen oder Geld zu sparen. Beraten statt überreden, so lautet heute die Devise. Die Beratung kann in Form von technischer Unterstützung erfolgen, man kann ein schwieriges Kundenproblem lösen oder dem Kunden sogar helfen, seine gesamten geschäftlichen Abläufe neu zu organisieren.

Verkaufsförderung

Die Verkaufsförderung umfasst die verschiedenen Anreize, mit denen Kunden dazu bewegt werden sollen, möglichst sofort und nicht erst zu einem späteren Zeitpunkt zu kaufen. Während die Werbung ein Werkzeug darstellt, das die Einstellung des Marktes zu einer Marke langfristig beeinflusst, dient die Verkaufsförderung dazu, unmittelbare Kaufhandlungen auszulösen. Es überrascht daher nicht, dass sich Brand Manager in zunehmendem Maße auf die Verkaufsförderung stützen, vor allem, wenn sie hinter den Umsatzerwartungen zurückbleiben. Absatzförderung funktioniert! Sie führt schnellere und leichter messbare Verkaufserfolge herbei als die Werbung. Das Verhältnis zwischen Werbung und Verkaufsförderung liegt heute vielleicht bei 30 zu 70, früher war es umgekehrt.

An diesen Zahlen lässt sich deutlich ablesen, dass Unternehmen heute mehr Wert auf den aktuellen Umsatz als auf den langfristigen Markenaufbau legen. Wir beobachten eine Rückkehr zum Transaktionsmarketing – zu Lasten des Beziehungsmarketing.

Die Verkaufsförderung kann sich an Einzelhändler, Verbraucher und den Außendienst richten. Handelsunternehmen strengen sich besonders an, wenn ihnen Kaufnachlässe, Werbe- und Display-Rabatte oder Gratiswaren angeboten werden. Verbraucher greifen eher zu, wenn man sie mit Gutscheinen oder Coupons, Preisnachlässen, Sonderpreispackungen, Treueprämien, Gewinnspielen, Produktvorführungen und Garantieversprechen lockt. Ebenso steigern Verkaufswettbewerbe, in deren Rahmen besonders erfolgreiche Verkäufer Preise erhalten, die Motivation des Vertriebs.

Angesichts der Vielzahl von Verkaufsförderungswerkzeugen muss ein Marketingexperte wissen, wann welche Instrumente einzusetzen sind. Einige Großunternehmen beschäftigen eigens einen Verkaufsförderungsspezialisten, der die Markenmanager berät. Oder das Unternehmen nimmt die Dienste einer speziellen Verkaufsförderungsagentur in Anspruch. Wichtig ist, dass die Verkaufsförderung nicht nur irgendwie eingesetzt wird, sondern dass die Ergebnisse geprüft und aufgezeichnet werden, damit das Unternehmen seine Effizienz in diesem Bereich mit der Zeit steigern kann.

Auch wenn die meisten Verkaufsförderungsaktionen den Umsatz steigern, führen manche doch zu finanziellen Einbußen. Der Schätzung eines Marketinganalysten nach sind nur 17 Prozent einer bestimmten Zahl von Absatzförderungskampagnen profitabel. Hierbei handelt es sich um die Fälle, in denen die Aktionen Neukunden anlocken, die ein Produkt testen und für besser befinden als die vorher genutzte Marke. Viele Promotion-Aktionen rufen jedoch lediglich Schnäppchenjäger auf den Plan, die sofort von einer Marke ablassen, wenn eine andere im Angebot zu haben ist. Dass sich markentreue Kunden durch Verkaufsförderungsmaßnahmen zum Markenwechsel überreden lassen, ist dagegen weniger wahrscheinlich.

Auf Produktmärkten, deren Marken einander sehr ähneln, erzielen Verkaufsförderungskampagnen daher die schlechtesten Resultate. Sie ziehen meist Markenwechsler an, die nach Schnäppchen oder Prämien Ausschau halten und einer Marke auch in Zukunft nicht die Treue halten werden. Promotion-Aktionen werden daher besser auf Märkten mit sehr unterschiedlichen Produkten eingesetzt, wo neue Kunden vielleicht feststellen, dass ihnen das neue Produkt insgesamt besser gefällt als die vorher gekaufte Marke.

Kleinere und schwächere Marken arbeiten in der Regel stärker mit Verkaufsförderungsaktionen als starke Marken. Schwächeren Marken stehen geringere Werbemittel zur Verfügung und im Rahmen von Promotion-Aktionen können sie bei relativ geringem finanziellen Aufwand Menschen dazu anregen, ihr Produkt wenigstens einmal zu testen.

Generell sollte von den entsprechenden Kampagnen jedoch relativ sparsam Gebrauch gemacht werden. Ein Strom von Preisnachlässen, Gutscheinen und Prämien können eine Marke in den Augen der Kunden entwerten. Außerdem können Konsumenten dazu verführt werden, auf die nächste Verkaufsförderungsaktion zu warten, statt die Produkte zum regulären Preis zu kaufen.

Unternehmen werden vom Handel oft gezwungen, mehr Verkaufsförderung durchzuführen, als ihnen lieb ist. Der Handel verlangt Kaufnachlässe und andere Rabatte – oder die Produkte kommen nicht in die Regale. Ebenso kann der Handel auch verbrauchergerichtete Verkaufsförderungsmaßnahmen fordern. Viele Unternehmen haben daher gar keine andere Wahl, als diesen Forderungen Folge zu leisten.

Vertrieb und Vertriebswege

Viele Unternehmen geben weniger Geld für die Herstellung eines Produkts als für seine Markteinführung aus! Bauern in der Landwirtschaft können davon ein Lied singen, wenn sie sehen, was für einen geringen Anteil am endgültigen Einzelhandelspreis sie erhalten. Auf das Marketing entfallen in manchen Fällen 50 Prozent der gesamten Unternehmenskosten. Die Hersteller kommen daher oft auf die Idee, den Zwischenhändler auszuschalten, der ihrer Meinung nach zu hohe Kosten verschlingt. Aber man mag den Zwischenhändler ausschalten können, nicht aber seine Funktionen. Diese müssten vom Unternehmen oder gar vom Kunden übernommen werden, wofür sie sicherlich nicht die besten Voraussetzungen mitbringen.

Wie sollte ein Unternehmen vorgehen, das neue Produkte auf den Markt bringen will? Zunächst muss es sich auf eine Vertriebsstrategie oder »Go-to-Market-Strategie« festlegen. Als es in der Wirtschaft noch überschaubarer zuging, stellte ein Unternehmen Verkäufer ein, die sich an die verschiedenen Zwischenhändler, an die Einzelhändler oder direkt an die Endnutzer wandten. Heute jedoch ist die Zahl der Vertriebsalternativen geradezu explodiert:

Außendienstvertreter	Intranet
Stategische Verbündete	Extranet
Geschäftspartner	Websites
Master- oder lokale	E-Mail
Distributoren	Business-to-Business-Marktplätze
Integratoren	Auktionen
Wiederverkäufer	Faxgeräte
Herstellervertreter	Direktwerbung
Makler	Zeitungen
Franchise-Modelle	Fernsehen
Telemarketer	Telefonverkäufer

Da verwundert es nicht, dass Peter Drucker sagte: »Die größten Veränderungen werden im Bereich der Vertriebskanäle, nicht der Produktionsmethoden oder des Konsums stattfinden.« Die Aufgabe wird daher immer wichtiger, die richtigen Vertriebswege auszuwählen, die Handelsstufen davon zu überzeugen, Ihre Waren zu führen und die Absatzmittler als Partner zu gewinnen. Viele Unternehmen machen den Fehler, sich selbst als Verkäufer an die Distributoren zu betrachten, anstatt sich als Verkäufer *durch* sie zu sehen.

Wie viele Marketingkanäle sollte ein Unternehmen einsetzen, um seine Produkte und Dienstleistungen zu vertreiben? Je mehr Kanäle es sind, desto höher ist die *Marktabdeckung* und desto stärker wächst der Umsatz. Dieses Prinzip wird durch *Starbucks Coffee* gut illustriert. Am Anfang besaß *Starbucks* lediglich einen Marketingkanal, nämlich die unternehmenseigenen Geschäfte, in denen sorgfältig und eigenhändig ausgewähltes Personal arbeitete. Später vergab *Starbucks* Franchiserechte für Filialen an Flughäfen, in Buchläden und auf dem

Gelände von Universitäten. Vor kurzem unterzeichnete *Starbucks* eine Lizenzvereinbarung mit der Lebensmittelkette *Albertson* über die Eröffnung von Kaffeebars in deren Supermärkten. In den Kaffeebars soll es nicht nur *Starbucks*-Kaffee geben, sondern es sollen auch weitere *Starbucks*-Produkte angeboten werden. Ein Spaßvogel spottete: »Keine Ahnung, wie hoch die Wachstumsrate von *Starbucks* ist, aber gerade haben sie eine Filiale bei mir im Wohnzimmer eröffnet.« Mit mehr Vertriebskanälen lässt sich ein schnelleres Wachstum erzielen.

Allerdings drohen mit der Schaffung neuer Absatzkanäle mindestens zwei Probleme. Erstens könnte die Produkt- oder Servicequalität leiden, weil das Unternehmen eine höhere Marktabdeckung auf Kosten der *Marktkontrolle* erzielt. Schmeckt *Starbucks*-Kaffee auf einem Flug der *United Air Lines* tatsächlich so gut wie eine Tasse, die in einer *Starbucks*-Filiale zubereitet und serviert wurde? Denken wirklich alle Anbieter daran, *Starbucks*-Kaffee wegzuschütten, wenn er nicht innerhalb von zwei Stunden verkauft wurde? Zweitens können Konflikte zwischen *Vertriebskanälen* entstehen. Manchen *Starbucks*-Filialen könnte es sauer aufstoßen, wenn in der Nähe liegende Firmen ein Franchiserecht erwerben und dann ebenfalls *Starbucks*-Kaffee anbieten. Zündstoff entstünde auch dann, wenn unterschiedliche Preise für *Starbucks*-Kaffee verlangt würden. In beiden Fällen hätte *Starbucks* eine größere Marktabdeckung erreicht, aber Marktkontrolle eingebüßt.

Die Alternative lautet, sich auf einen Vertriebsweg zu konzentrieren und diesen dann unter strikten Kontrollen auszubauen. So könnte die *Rolex Watch Company* ihre berühmten Uhren problemlos bei einer viel größeren Zahl von Händlern anbieten. Aber sie beschränkt sich auf gehobene Juweliere, die sorgfältig nach Standortkriterien ausgewählt werden und sich verpflichten, eine bestimmte Menge an Beständen zu führen, bestimmte Displays einzusetzen und lokale Werbung zu betreiben. Auf diese Weise hat *Rolex* eine hohe Marktkontrolle erreicht und wird weder von Serviceproblemen noch von Vertriebskanalkonflikten geplagt. Allerdings verläuft die Eroberung von Marktanteilen langsamer.

Unabhängig von ihrer Anzahl müssen die Absatzkanäle eines Unternehmens integriert werden, wenn das Liefersystem effizient sein soll. Die meisten Unternehmen verlassen sich in hohem Maß auf den Umsatzbeitrag ihrer Vertriebspartner. Sie sollten anfangen, das Geschäftspartnermanagement (»Partner Relationship Management«) zu systematisieren, indem sie PRM-Software einführen. Damit können sie den Informationsfluss verbessern und die Kosten für Kommunikation, Bestell- und Bezahlungsvorgänge und Transaktionen senken.

Hersteller, die über Zwischenhändler an die Einzelhändler verkaufen, geben eine gewisse Kontrolle über die Einzelhändler und die Endkunden auf. Würden sie jedoch direkt an die Einzelhändler oder Endkunden verkaufen, müssten sie Aufgaben wie Verkauf, Finanzierung, Datenerhebung, Service, Risikoübernahme, Transport und Lagerung selbst übernehmen. Wenn die Zwischenhändler diese Funktionen besser wahrnehmen und auf ihrer jeweiligen Stufe einen Wert hinzufügen, ist die Beibehaltung des Kanals gerechtfertigt. Entscheidend ist immer, dass alle Vertriebsfunktionen effizient wahrgenommen und sinnvoll unter den Vertriebspartnern aufgeteilt werden.

Betreibt ein Unternehmen mehrere Vertriebswege, muss es dabei nach ähnlichen Grundsätzen vorgehen. Ein Buchhändler wie *Borders* muss dafür sorgen, dass die stationären Buchhandlungen darauf vorbereitet sind, online gekaufte Bücher zurückzunehmen oder umzutauschen. Außerdem darf *Borders* im Online-Handel keine niedrigeren Preise anbieten, da sonst die Umsätze der Filialen gefährdet würden.

Die folgenden beiden Firmen sind Bilderbuchbeispiele dafür, wie die Integration von Vertriebskanälen aussehen kann:

- Der Finanzdienstleister *Charles Schwab* ermöglicht seinen Kunden eine herausragende Markenerfahrung, egal ob der Kontakt online, über das Telefon oder in den Filialen stattfindet.
- *Hewlett-Packard (HP)* besitzt eine exzellente Website, auf der man sich über sämtliche Produkte und Dienstleistungen des Unterneh-

mens informieren kann. Die Kunden können Bestellungen online oder durch einen Telefonanruf bei *Hewlett-Packard* erteilen. Auch nach dem Verkauf ist eine Betreuung gewährleistet, indem sie von *HP* an den nächstgelegenen lokalen Geschäftspartner weitergeleitet werden.

Eine weitere Möglichkeit besteht darin, spezielle Kanäle für bevorzugte Kunden einzurichten. Viele Banken stellen kapitalkräftigen Kunden besondere Möglichkeiten zur Verfügung. *Dell* richtete für die wichtigsten Geschäftskunden ein separates Extranet ein. Die Premier-Kunden von *Schwab* werden einem engagierten Kundenteam zugewiesen, das jederzeit über eine gebührenfreie Telefonnummer erreichbar ist.

Ihr Unternehmen muss nicht nur effiziente Marketingkanäle entwickeln und betreiben, sondern stets auch prüfen, ob es neue Kanäle hinzufügen und die schlecht funktionierenden wieder abschaffen sollte. Distributionskanäle haben eine eigene Dynamik. Richtig eingesetzt, können sie Wettbewerbsvorteile schaffen, aber wo sie ungeschickt ausgewählt oder betrieben werden, können sie eine schwere Last im Wettbewerb darstellen.

Vertriebsorganisation

Rund 11 Prozent aller in den USA beschäftigten Personen oder 18 Millionen Menschen sind im Verkauf tätig. Durch das Internet, andere Direktmarketingverfahren und die hohen Kosten des persönlichen Verkaufs sehen sich führende Unternehmen immer öfter veranlasst, Umfang und Rolle ihres Vertriebs auf den Prüfstand zu stellen.

Braucht ein Unternehmen eine Vertriebsorganisation? Peter Drucker vertritt folgende Ansicht: »Personal ist schlichtweg zu teuer, um es für den Verkauf einzusetzen. Im Großen und Ganzen dürfen wir nicht länger verkaufen, sondern wir müssen vermarkten. Das heißt, dass wir einen Kaufwunsch wecken müssen, den wir dann ohne große Verkaufsbemühungen befriedigen können.«

Unternehmen müssen nicht immer über eigenes Verkaufspersonal verfügen. Rund 50 Prozent der Firmen arbeiten mit externen Vertriebspartnern zusammen – mit Hersteller-Repräsentanzen, Handelsvertretern und anderen. Viele Unternehmen beauftragen externes Verkaufspersonal mit der Betreuung geografischer Randgebiete und kleinerer Marktsegmente.

Wenn Sie Verkäufer einstellen, sollten Sie Mitarbeiter auswählen, die von dem Unternehmen und seinen Produkten begeistert sind. Diese Begeisterung kann man schlecht vorspielen. Manchmal bietet es sich an, lieber auf Mitarbeiter zu setzen, die schon Misserfolge hinter sich haben, als auf Menschen, die sich noch nie an eine Herausforderung herangewagt haben. Und stellen Sie keinen Verkäufer ein, den Sie nicht zu sich nach Hause zum Abendessen einladen würden.

Was die Vergütung Ihrer Vertriebsmitarbeiter angeht, sollten Sie sich vor Augen führen, dass schlecht bezahlte Verkäufer teuer, gut bezahlte Verkäufer dagegen preisgünstig sind. Spitzenverkäufer machen oft fünfmal so viel Umsatz wie ein durchschnittlicher Kollege, bekommen jedoch nicht das fünffache Gehalt.

Verkäufer müssen motiviert werden wie Fußballspieler. Die wahre Kunst besteht darin, durchschnittliche Verkäufer zu Höchstleistungen zu motivieren – nicht nur die Spitzenkräfte.

Behalten Sie Mitarbeiter im Auge, die glauben, jeder Kaufabschluss sei ein guter Abschluss – ungeachtet der Profitabilität des Geschäfts. Binden Sie die Vergütung an den aus dem Verkauf erwachsenden Gewinn, nicht an den Umsatz. Jeder Verkäufer sollte sich als Leiter eines Profit Centers und nicht als Leiter einer Verkaufsstelle verstehen und entsprechend bezahlt werden.

Weitere Kriterien, mit denen die Leistung eines Vertriebsmitarbeiters beurteilt werden kann:

- durchschnittliche Zahl von Kundenbesuchen pro Tag,
- durchschnittliche Dauer eines Kundenbesuchs pro Kontakt,

- durchschnittliche Kosten und durchschnittlicher Umsatz pro Kundenbesuch,
- durchschnittliche Zahl von Bestellungen pro hundert Kundenbesuche und
- Zahl von neuen und verlorenen Kunden pro Verkaufsperiode.

Vergleichen Sie die Leistung eines bestimmten Verkäufers mit den durchschnittlich erzielten Leistungen, um schlechte oder außergewöhnlich gute Ergebnisse aufzudecken.

Ein schlechtes Abschneiden wird oft mit dem Hinweis auf einen reifen Markt entschuldigt. Wer einen Markt »reif« oder »gesättigt« nennt, gibt jedoch nur ein Zeugnis seiner Inkompetenz ab. Um ein krasses Beispiel zu nennen: Es dürfte leichter sein, in einer reifen Branche Geld zu verdienen als in einer High-Tech-Branche.

Die schwerste Aufgabe eines Verkäufers liegt sicherlich darin, dem Kunden sagen zu müssen, dass ein Konkurrent das bessere Produkt anbietet. *IBM* erwartet von seinen Außendienstmitarbeitern, dass sie Kunden grundsätzlich die beste Ausrüstung empfehlen – auch wenn es sich dabei um die Hardware eines Wettbewerbers handelt. Der Verkäufer gewinnt jedoch den Respekt des Kunden und früher oder später auch den Kunden selbst.

Dem Marketing fällt die Aufgabe zu, den Vertrieb auf folgende Weise zu unterstützen:

- Das Marketing gibt Werbeanzeigen auf und kauft Adressenlisten, um potenzielle Neukunden zu identifizieren.
- Das Marketing erstellt ein Profil der aussichtsreichsten Adressaten, damit die Verkäufer wissen, wo es sich lohnt, einen Kontakt herzustellen.
- Das Marketing beschreibt die Einflussfaktoren und Grundüberlegungen, die den Kaufentschluss der Entscheidungsträger von Schlüsselkunden beeinflussen.
- Das Marketing stellt die Stärken und Schwächen der Wettbewerber heraus und beschreibt, wie die Produkte des Unternehmens im

Vergleich mit den Konkurrenzangeboten abschneiden.

- Das Marketing dokumentiert Erfolgsstories im Außendienst, macht sie bekannt und setzt sie in Schulungen ein.
- Das Marketing erstellt und verteilt bestimmte Mitteilungen an Kunden (Werbung, Broschüren etc.), um deren Interesse an den Unternehmensprodukten zu wecken und den Verkäufern den Zugang zu erleichtern.
- Das Marketing setzt Werbung und Telemarketing ein, um Hinweise auf potenzielle Kunden (Leads) zu erhalten und näher zu bestimmen, die an den Außendienst weitergegeben werden können.

Clevere Unternehmen statten ihre Vertriebsorganisation mit modernster elektronischer Ausrüstung (Computer, Handys, Faxgeräte, Kopierer) und Software zur Unterstützung ihrer Arbeit aus. So können Außendienstmitarbeiter vor einem Besuch Erkundigungen über einen Kunden einziehen, während eines Besuchs Fragen beantworten und nach einem Besuch wichtige Fakten aufzeichnen. Außerdem können sie Produktinformationen wie technische Dokumentation, Preisinformationen, die Kundenhistorie, bevorzugte Zahlungsbedingungen und weitere Daten abrufen, die ihnen die Arbeit erleichtern.

Und wenn der Außendienstler den Verkauf schließlich abschließt, »hat der Verkäufer eine Sorge weniger und der Kunde eine Sorge mehr«, wie Theodore Levitt einmal augenzwinkernd meinte.

Wachstumsstrategien

Rentabilität allein garantiert noch keinen dauerhaften Geschäftserfolg. Ein Unternehmen muss auch wachsen, da es sonst langfristig keinen Gewinn abwirft. Wer seine Kunden, Produkte und Märkte nicht kontinuierlich ausbaut, besitzt eine Fahrkarte in die Katastrophe.

Die Anleger möchten steigende Umsatzkurven, die Mitarbeiter

möchten mehr Aufstiegschancen und die Händler möchten Partner eines zukunftsträchtigen Unternehmens sein. Wachstum schafft neue Energien. Überall ist zu hören: »Stillstand ist der Tod.«

Unternehmen entschuldigen ihre Wachstumsschwächen oft damit, dass ihre Märkte angeblich gesättigt seien. Aber damit bringen sie nur ihren Mangel an Fantasie zum Ausdruck. Larry Bossidy, CEO von *Honeywell*, bemerkte: »Es gibt keine reifen oder gesättigten Märkte. Wir brauchen reife Führungskräfte, die neue Wege zum Wachstum finden ... Das Wachstum ist eine Frage der Einstellung.« Wenn der Automobilmarkt gesättigt war, wie konnte sich *Chrysler* dann mit dem Minivan auf Wachstumskurs bringen? Wenn die Stahlindustrie gesättigt ist, wie ist dann der Erfolg eines Konzerns wie *Nucor* zu erklären? Wenn *Sears* glaubte, die Wachstumsgrenzen im Einzelhandel seien erreicht, was haben dann *Wal-Mart* oder *Home Depot* getan?

Es wurden schon die unterschiedlichsten Methoden ausprobiert, das Wachstum anzukurbeln: *Kosten- und Preissenkungen, aggressive Preissteigerungen, internationale Expansion, Firmenzukäufe und die Entwicklung neuer Produkte.* Jede Methode birgt ihre eigenen Gefahren. Preissenkungen werden in der Regel von der Konkurrenz schnell übernommen, womit ihre Wirkung wieder verpufft. Preissteigerungen sind in Zeiten einer Wirtschaftsflaute schwierig durchzusetzen. Die meisten internationalen Märkte sind heute sehr umkämpft oder geschützt. Unternehmenskäufe sind teuer und haben sich in der Mehrzahl der Fälle nicht als rentabel erwiesen. Und der Anteil erfolgreicher Produkte ist gering, gemessen an der Zahl der gesamten Neueinführungen.

Die meisten Unternehmen übersehen, dass ihre Märkte selten voll erschlossen sind. *Alle Märkte bestehen aus Segmenten und Nischen.* *American Express* erkannte das und reagierte darauf mit der *Corporate Card*, der *Gold Card* und der *Platinum Card*. Es gibt vier Methoden der Marktsegmentierung, mit denen ein Unternehmen seinem Wachstum neuen Schub verleihen kann:

1. *Es kann benachbarte Segmente ansprechen.* Der Erfolg von Nike

begann mit Laufschuhen für Profiläufer. Später kamen Schuhe für Basketball-, Tennis- und Football-Spieler dazu und schließlich auch Aerobic-Schuhe.

2. *Es verfeinert die Segmentierung.* *Nike* stellte fest, dass der Markt für Basketballschuhe weiter unterteilt werden konnte und bot etwa Schuhe für besonders angriffsstarke Spieler oder besonders hoch springende Spieler an.

3. *Es spricht neue Segmente (Kategorien) an.* *Nike* fing an, auch Bekleidung für verschiedene Sportarten zu verkaufen.

4. *Es segmentiert den ganzen Markt neu.* *Nikes* Konkurrent *Reebok* segmentierte den Markt neu, indem er modische Schuhe für den Freizeitmarkt einführte, die im Alltag getragen wurden und mit sportlicher Betätigung nichts mehr zu tun hatten.

Eine weitere Methode zur Schaffung neuen Wachstums besteht darin, den Markt eines Unternehmens neu zu definieren. Jack Welch von *General Electric* forderte seine Mitarbeiter auf: »Definieren Sie Ihren Markt so um, dass Ihr Marktanteil bei höchstens 10 Prozent liegt.« Man darf sich also keinesfalls auf einem komfortablen Polster von 50 Prozent Marktanteil sicher wähnen, sondern muss den Rahmen seines Marktes so abstecken, dass man selbst mit höchstens 10 Prozent vertreten ist. Die folgenden Beispiele illustrieren dies:

- *Nike* definiert sich heute als ein Unternehmen, das auf dem Sportmarkt und nicht auf dem Schuh- und Bekleidungsmarkt tätig ist. Es sind Überlegungen im Gang, ob es auch Sportausrüstungen und sogar Dienstleistungen wie das Management von Sportlern anbieten soll.
- Der verstorbene Roberto Goizueta von *Coca-Cola* predigte seinen Mitarbeitern, dass *Coca-Cola* zwar einen Marktanteil von 35 Prozent am Softdrink-Markt habe, aber nur 3 Prozent am Markt für nichtalkoholische Getränke weltweit, und dass dieser Anteil steigen müsse.
- *Armstrong World Industries, Inc.,* begann mit Bodenbelägen und

Dämmstoffen und ist heute mit Produkten für den gesamten Innenausbau am Markt präsent.

- *Citicorp* glaubte, einen wesentlichen Marktanteil im Bankensektor erobert zu haben, bis der Konzern feststellte, dass er auf dem gesamten Finanzmarkt, der viel mehr als nur Bankprodukte beinhaltete, kaum mehr als ein Zwerg war.
- *AT&T* hörte auf, sich als Ferngesprächsgesellschaft zu betrachten und begann, Sprache, Bild, Text und Daten über Telefonleitungen, Kabel, Handys und das Internet zu übertragen.
- *Taco Bell* war zunächst nur als Fast-Food-Restaurant in Einkaufszentren präsent und machte es sich dann zur Aufgabe, »den Hunger überall zu stillen«, auch auf dem Gelände von Supermärkten, Flughäfen und High Schools.

Wachstumschancen können unter folgenden Gesichtspunkten gesucht werden:

- *Sie verkaufen die Produkte aus der vorhandenen Palette an Ihre vorhandenen Kunden.* Dazu geben Sie Ihren Kunden Anreize, pro Kauf mehr auszugeben oder öfter zu kaufen.
- *Sie verkaufen zusätzliche Produkte an Ihre vorhandenen Kunden.* Dazu finden Sie heraus, welche weiteren Produkte Ihre Kunden benötigen könnten.
- *Sie verkaufen mehr Produkte aus der vorhandenen Palette an neue Kunden.* Dazu führen Sie Ihre Produkte in neuen Regionen oder in neuen Marktsegmenten ein.
- *Sie verkaufen neue Produkte an neue Kunden.* Dazu kaufen Sie neue Geschäftsfelder oder bauen diese auf, um neue Märkte zu erschließen.

Ein Unternehmen auf Wachstumskurs muss dafür sorgen, dass seine Mitarbeiter und Geschäftspartner die richtige Einstellung zum Wachstum haben, um es unterstützen zu können. Strecken Sie Ihre Fühler aus, um derzeit noch nicht befriedigte Bedürfnisse zu erken-

nen. Gehen Sie nicht von den derzeitigen Produkten und Kompetenzen des Unternehmens aus (»Inside-Out-Denken«), sondern erspüren
Sie die unbefriedigten Bedürfnisse vorhandener und neuer Kunden
(»Outside-In-Denken«). Beschäftigen Sie sich zunächst allgemein mit
den Bedürfnissen der Endverbraucher und dann im Besonderen mit
denen Ihrer unmittelbaren Kunden, um erst dann zu entscheiden, welche Bedürfnisse Sie rentabel befriedigen können.

Adrian Slywotzky und Richard Wise sprechen von »versteckten
Schätzen«, die in den Unternehmen liegen und mit denen diese die
»höheren« Bedürfnisse ihrer Zielkunden befriedigen könnten, etwa
das Bedürfnis nach Status, Kreativität, Zugehörigkeit oder Spontani-
tät.»Die meisten Führungskräfte haben Jahre gebraucht, um zu lernen, wie man das Wachstum durch Faktoren wie Produkte, Fabriken
und Betriebskapital anschiebt. Aber sie wissen zu wenig darüber, wie
sie eine Kombination aus Beziehungen, Marktposition, Netzwerken
und Informationen – ihre versteckten Schätze – einsetzen können, um
den Kunden neue Werte und den Anlegern mehr Wachstum zu bieten.«[51]

Werbemedien

Ein Unternehmen muss Werbemedien einsetzen. Andernfalls existiert
es praktisch nicht, weil es unsichtbar ist.

Zu den wichtigsten Medien gehören das Fernsehen, Radio, Zeitungen, Zeitschriften, Kataloge, der Direktversand, das Telefon und
das Internet. Jedes Medium hat im Hinblick auf Kosten, Reichweite,
Kontakthäufigkeit und Wirkung seine Vor- und Nachteile. In Werbeagenturen befassen sich große Abteilungen damit, die besten Werbemedien zu finden, um mit einem vorgegebenen Budget ein gewünsch-
tes Maß an Reichweite, Kontakthäufigkeit und Wirkung zu erzielen.

Es gab eine Zeit, in der ein Unternehmen allein mit Werbung in
den Fernsehsendern *ABC*, *NBC* und *CBS* 90 Prozent der amerikani-

schen Zuschauerschaft erreichen konnte. Heute ist dieses Unternehmen froh, wenn es über die drei genannten Kanäle noch 50 Prozent des Publikums erreicht. Unternehmen müssen ihr Werbebudget heutzutage auf Dutzende von Medienkanäle und Werbeträger aufteilen. Aus diesem Grund ist eine sorgfältige Festlegung der Zielgruppe von entscheidender Bedeutung – der Massenmarkt kann heutzutage nicht mehr kostengünstig angesprochen werden.

Medienfachleute sind stets auf der Suche nach neuen Werbeträgern, die besonders kosteneffektiv sind oder mehr Aufmerksamkeit auf sich ziehen. Sie platzieren Werbung auf Zeppelinen und Rennwagen, in Aufzügen, öffentlichen Toiletten und neben Zapfsäulen. Mit der zunehmenden Verbreitung von Werbung wächst jedoch die Gefahr, dass die Werbung immer weniger wahrgenommen wird.

Die Medieneffizienz Ihres Unternehmens kann durch den Einsatz des Database-Marketing erheblich gesteigert werden. Dabei können Sie Angebote nicht nur an ausgewählte Mitglieder Ihrer Kundendatenbank verschicken, sondern zusätzlich Anschriften von *Adressenverlagen* kaufen. Diese Verlage bieten Tausende von Listen an, beispielsweise »weibliche Führungskräfte mit einem Jahresgehalt von über 100.000 Dollar«, »Wirtschaftsprofessoren, die Marketing lehren« oder »Motorradbesitzer«. Starten Sie einen Versuch mit einigen Namen aus einer vielversprechenden Liste. Bei hoher Antwortquote kaufen Sie weitere Namen aus der Liste, bei schwacher Resonanz verzichten Sie. Sie können die ausgewählten Zielpersonen per Telefon, Post, E-Mail oder Telefax kontaktieren. Dieses Verfahren bietet den Vorteil, dass Sie die Rendite Ihrer Werbeinvestition messen können. Die Zukunft der Medien liegt nicht in der Massenansprache, sondern in der gezielten Kontaktierung.

Werbung

Wie die meisten Menschen verbindet mich eine Hassliebe mit der Werbung. Zugegeben, auch ich bin auf jeden neuen Bildwitz in der Wodkawerbung für *Absolut* gespannt. Mir gefallen auch der Humor der britischen Werbung und die frivolen Anklänge in den französischen Kampagnen. Selbst einige Werbesongs und Melodien haben sich in mein Gedächtnis eingegraben. Aber das Gros der Werbung mag ich wirklich nicht. Ich versuche, ihr aus dem Weg zu gehen. Sie stört mich einfach. Oder noch schlimmer: Sie ärgert mich.

Die besten Werbekampagnen sind nicht nur kreativ, sondern sie verkaufen etwas. Kreativität allein reicht nicht – die Werbung muss mehr als eine Kunstform sein. Allerdings hilft die Kunst, wie der ehemalige Leiter der Agentur *Doyle, Dane & Bernbach*, William Bernbach, beobachtete: »Mit Fakten ist es nicht getan ... Vergessen Sie eins nicht: Shakespeare konnte seine Botschaft mit einigen ziemlich abgedroschenen Handlungsideen hervorragend vermitteln, weil er die Umsetzung so genial beherrschte.«

Aber auch eine genial umgesetzte Kampagne muss regelmäßig überarbeitet werden, weil sie sonst veraltet. *Coca-Cola* kann Slogans wie »The Real Thing«, »Coke Is It« oder »I'd Like to Teach the World to Sing« nicht ewig einsetzen. Auch Werbung unterliegt einem gewissen Abnutzungseffekt – diese Tatsache ist unbestritten.

Die führenden Werbeagenturen verfolgen unterschiedliche Ansätze, um wirkungsvolle Werbekampagnen zu entwickeln. Rosser Reeves von der Werbeagentur *Ted Bates & Company* setzte bevorzugt auf die Methode, die Marke mit einem wesentlichen Vorteil zu verknüpfen. So verspricht der Slogan »R-O-L-A-I-D-S spells RELIEF« Erleichterung bei Sodbrennen. Leo Burnett dagegen schuf lieber Figuren, welche die Vorteile oder Persönlichkeit des Produkts verkörperten: den Green Giant, den Pillsbury Doughboy, den Marlboro-Cowboy und einige andere zum Mythos gewordene Gestalten. Die Agentur *Doyle, Dane & Bernbach* wiederum entwickelte bevorzugt kurze Episoden, in denen ein Problem gelöst wurde. So gibt es eine Kampagne von *Federal Express*, in der ein Kunde sehr besorgt ist, ob eine wichtige Sendung rechtzeitig bei ihm eintreffen wird. Er verwendet das Trackingsystem von *FedEx* und ist schließlich völlig beruhigt.

Das Ziel der Werbung lautet nicht, die Produkteigenschaften mitzuteilen, sondern Lösungen und Träume zu verkaufen. Deshalb müssen Sie die Sehnsüchte Ihrer Kunden ansprechen – so wie *Ferrari, Tiffany, Gucci* und *Ferragamo*. Ein *Ferrari*-Besitzer erfüllt sich drei Träume: soziale Anerkennung, Freiheit und Heldentum. Der *Revlon*-Gründer Charles Revson brachte es auf den Punkt: »In der Fabrik stellen wir Lippenstift her. In der Werbung verkaufen wir Hoffnung.«[52]

Aber wer die Erfüllung von Träumen verspricht, weckt auch Misstrauen. Die Menschen glauben nicht unbedingt, dass eine bestimmte Automarke oder ein Parfüm sie attraktiver oder interessanter macht. Stephen Leacock, Humorist und Universitätsdozent, sah die Werbung mit sehr zynischem Blick: »Man könnte die Werbung als die Wissenschaft bezeichnen, den Verstand so lange wegzusperren, bis man Geld damit verdient.«

Werbekampagnen machen ein Produkt bekannt und manchmal informieren sie auch darüber. Selten bewirken sie, dass das Produkt bevorzugt und noch seltener, dass es gekauft wird. Deshalb kann die Werbung die Aufgabe, das Produkt zu verkaufen, nicht allein bewältigen. Oft sind Verkaufsförderungsaktionen erforderlich, um die Kunden zum Kauf zu bewegen. In anderen Fällen braucht man Vertriebsspezialisten, welche die Vorteile eines Produkts erläutern und den Verkauf abschließen.

Schlimmer ist, dass viele Anzeigen nicht besonders kreativ sind. Die meisten kann man sich nicht merken. Ein gutes Beispiel sind Werbekampagnen für Autos. Die typische Kampagne zeigt einen Neuwagen, der in rasantem Tempo malerische Bergserpentinen bewältigt. Aber in Chicago gibt es keine Berge. Und die Geschwindigkeitsbegrenzung liegt bei 60 Meilen pro Stunde. Außerdem weiß ich kurz nach dem Spot schon nicht mehr, welches Auto nun beworben wurde.

Fazit: Mit dem größten Teil der Werbung vergeuden die Unternehmen ihr Geld und meine Zeit.

Die meisten Werbeagenturen schieben ihren Kunden die Schuld für die mangelnde Kreativität in die Schuhe. In der Regel werden sie nämlich gebeten, drei Kampagnen vorzuschlagen – von »mild bis wild«. Aber dann entscheidet sich der Werbekunde meist für die »milde« und »sichere« Version. Auf diese Weise trägt er dazu bei, gute Werbung im Keim zu ersticken.

Unternehmen sollten vor jeder Kampagne die Frage beantworten: Womit sichern wir uns mehr zufriedene Kunden: Indem wir Geld in die Werbung stecken oder indem wir Geld in die Verbesserung der Produkte, des Service und der Markenerfahrungen investieren? Ich wünschte, dass die Unternehmen mehr Geld und Zeit für die Entwicklung hervorragender Produkte und weniger für die psychologische Manipulation der Kundenwahrnehmung durch teure Werbekampagnen aufwenden würden. Je besser das Produkt, desto weniger Geld benötigt man für die Werbung. Die beste Werbung machen ohnehin Ihre Kunden – sofern sie zufrieden sind.

Je treuer Ihre Kunden sind, desto weniger müssen Sie für die Werbung ausgeben. Denn zum einen kehren die meisten zufriedenen Kunden auch ohne Werbung zurück. Zum anderen rühren die meisten zufriedenen Kunden die Werbetrommel für Sie – gratis. Außerdem müssen Sie bedenken, dass Sie mit Ihrer Werbung oft Kunden anlocken, die nur auf der Suche nach einem einmaligen Schnäppchen sind.

Es gibt Scharen von Menschen, die ein Faible für die Werbung haben, ob sie nun funktioniert oder nicht. Damit meine ich nicht jene, die auf den Werbeblock in der Vorabendserie warten, um endlich auf die Toilette gehen zu können. Mein verstorbener Freund und Mentor, Dr. Stewart Henderson Britt, glaubte leidenschaftlich an den Sinn von Werbung. »Im Geschäftsleben auf Werbung zu verzichten ist, als würde man einem Mädchen im Dunkeln zuzwinkern. Man weiß nur selbst, was man tut, aber sonst bekommt es niemand mit.«

Eine Werbeagentur muss nach dem Motto leben: »Früh ins Bett und früh heraus, nur harte Arbeit bringt guten Verkauf.«

Dennoch lautet mein Rat auch heute noch: Machen Sie gute Werbung, keine schlechte Werbung. David Ogilvy warnte: »Texten Sie nie eine Anzeige, von der Sie nicht möchten, dass Ihre eigene Familie sie liest. Sie würden Ihrer Frau keine Lügen erzählen. Dann erzählen Sie auch meiner Frau keine.«53

Ogilvy schalt diejenigen seiner Kollegen, die mehr an mögliche Auszeichnungen als an den Umsatz denken: »Das Werbegeschäft ... wird von denselben Leuten heruntergezogen, die es eigentlich aufbauen sollten. Sie wissen nicht, wie man etwas verkauft, weil sie das nie in ihrem Leben getan haben ... sie verachten das Verkaufen und sehen ihre Erfüllung darin, die Kunden mit ihrer vermeintlichen Cleverness so lange zu blenden, bis sie ihnen Geld zur Verfügung stellen, damit sie ihre Originalität und ihr Genie zur Schau stellen können.«54

Die Verteidiger der Werbung weisen auf die vielen Fälle hin, in denen sie funktionierte, etwa die Marlboro-Kampagnen für Zigaretten, die *Absolut*-Werbung für Wodka oder die *Volvo*-Werbung für Autos. Auch in folgenden Fällen funktionierte sie:

- Ein Unternehmen machte Werbung für eine Alarmanlage. Am nächsten Tag wurde in die Büroräume eingebrochen.
- Falls Sie glauben, dass sich Werbung nicht auszahlt – es gibt 25 Berge in Colorado, die höher als der Pikes Peak sind, nach dem ein Geländewagen von *Audi* benannt wurde. Können Sie einen nennen?

Diejenigen, die der Werbung nicht übermäßig viel Wirksamkeit zuschreiben, zitieren gern den Kaufhauspionier John Wanamaker: »Die Hälfte meiner Werbung ist zum Fenster herausgeworfenes Geld. Das Problem ist, dass ich nicht weiß, welche Hälfte.«

Wie sollten Sie Ihre Werbung planen? In jedem Fall müssen Sie Entscheidungen zu den fünf M's der Werbung treffen: *Mission, Message, Media, Money* und *Measurement* (Werbeziele, Werbebotschaft, Werbemedien, Werbeträger, Wirkungskontrolle).

Das *Werbeziel* kann lauten, Kunden zu informieren, zu überzeugen, zu erinnern oder zu bestärken. Bei einem neuen Produkt möchten Sie informieren und/oder überzeugen. Bei einem bekannten Produkt wie *Coca-Cola* möchten Sie die Konsumenten daran erinnern. Wenn der Kunde gerade einige Produkte gekauft hat, möchten Sie ihn bestätigen und in seiner Entscheidung bestärken.

Die *Werbebotschaft* muss den definitiven Wert der Marke in Worten und Bildern vermitteln. Jede Botschaft sollte bei der Zielgruppe anhand von sechs Fragen überprüft werden (siehe unten).

Die *Werbeträger* sollen den Zielmarkt auf kosteneffektive Weise ansprechen. Neben den klassischen Medien wie Zeitungen, Zeitschriften, Radio, Fernsehen und Plakate gibt es eine Reihe neuer Medien wie E-Mail, Fax, Telemarketing, digitale Zeitschriften, Werbung im Laden und Werbung in Hochhausaufzügen und öffentlichen Toiletten. Die Wahl der passenden Medien gestaltet sich zu einer immer wichtigeren Aufgabe.

Kontrolle der Werbebotschaft

1. Welche Hauptbotschaft entnehmen Sie dieser Werbung?
2. Welche Absicht verfolgt der Werber: Was sollen Sie aufgrund der Werbung erfahren, glauben oder tun?
3. Wie hoch ist die Wahrscheinlichkeit, dass Sie in der beabsichtigten Weise beeinflusst werden?
4. Was funktioniert gut und was funktioniert schlecht in dieser Werbung?
5. Welches Gefühl vermittelt Ihnen die Werbung?
6. An welchem Ort kann man Sie mit dieser Botschaft am ehesten erreichen – wo bemerken Sie sie am wahrscheinlichsten und nehmen sie zur Kenntnis?

Ein Unternehmen arbeitet mit der Medienabteilung einer Werbeagentur zusammen, um die Reichweite, Kontakthäufigkeit und Wirkung der Werbekampagne zu planen. Nehmen wir an, dass Ihre Werbekampagne mindestens 60 Prozent des Zielmarkts erreicht, der aus 1.000.000 Menschen besteht. Das sind 600.000 Werbekontakte. Sie möchten jedoch, dass der durchschnittliche Verbraucher Ihre Werbung während der Kampagne drei Mal sieht. Das sind 1.800.000 Kontakte. Möglicherweise sind jedoch sechs Werbekontakte nötig, damit der durchschnittliche Verbraucher Ihre Werbung drei Mal bemerkt. Also liegen Sie schon bei einer Zahl von 3.600.000. Weiterhin nehmen wir an, dass ein wirkungsvoller Werbeträger 20 Dollar pro 1.000 Kontakten kostet. Damit beläuft sich die Kampagne auf 72.000 Dollar (20 Dollar x 3.600.0000 / 1.000). Beachten Sie, dass Ihr Unternehmen mit demselben Budget auch mehr Menschen mit einer niedrigeren Häufigkeit oder mehr Menschen mit weniger wirkungsvollen Medienträgern erreichen könnte. Im Spannungsfeld zwischen Reichweite, Kontakthäufigkeit und Wirkung müssen Kompromisse geschlossen werden.

Damit sind wir beim Faktor *Geld*. Das *Werbebudget* ergibt sich aus den Entscheidungen zur Reichweite, Kontakthäufigkeit und Wirkung. Im Budget müssen auch die Kosten für Werbeproduktion und andere damit zusammenhängende Ausgaben berücksichtigt werden.

Eine begrüßenswerte Entwicklung wäre es, wenn die Werbeagenturen auf einer erfolgsabhängigen Basis bezahlt würden (»Pay-for-Performance«). Immerhin nehmen die Agenturen für sich in Anspruch, mit ihren kreativen Kampagnen den Umsatz der Unternehmen zu steigern. Warum sollte die Agentur dann nicht eine Provision von 18 Prozent bei steigenden, die üblichen 15 Prozent bei gleichbleibenden und 13 Prozent bei sinkenden Umsätzen erhalten? Natürlich wird die Agentur im letzteren Fall sagen, dass andere Einflüsse für den Umsatzrückgang verantwortlich gewesen seien und der Rückgang sicherlich viel stärker ausgefallen wäre, hätte es die Werbekampagne nicht gegeben.

Dies führt zum Bereich der *Wirkungskontrolle*. Werbekampagnen müssen vor ihrer Durchführung getestet werden. Nach ihrer Durchführung möchte das Unternehmen wissen, welchen Erfolg sie gebracht hat. In Testkampagnen können etwa Messkriterien zur Kontrolle der Erinnerung, Erkennung oder Überzeugung eingesetzt werden. Nach der Kampagne kann man versuchen, ihre Auswirkung auf die Kommunikation oder den Absatz zu berechnen. Das ist jedoch sehr schwierig, vor allem bei Bildwerbungen.

Wie kann zum Beispiel *Coca-Cola* messen, welche Auswirkungen die Abbildung einer *Coke*-Flasche auf der Rückseite einer Zeitschrift hat, für die das Unternehmen 70.000 Dollar ausgegeben hat? Bei 70 Cents pro Flasche und 10 Cents Gewinn pro Flasche müsste *Coke* 700.000 zusätzliche Flaschen verkaufen, nur um die 70.000 Dollar wieder hereinzuholen. Ich glaube einfach nicht, dass man mit einer solchen Werbung 700.000 zusätzliche Flaschen *Coca-Cola* verkauft.

Natürlich ist es unerlässlich, dass die Unternehmen versuchen, die Ergebnisse jedes Werbeträgers zu messen. Wenn Sie durch Online-Aktionen mehr potenzielle Kunden anziehen als durch TV-Spots, müssen Sie Ihr Budget entsprechend anpassen. Beharren Sie also nicht auf einer festen Budgetzuweisung. Geben Sie Geld für diejenigen Medien aus, die Ihnen den besten Rücklauf einbringen.

Eins ist sicher: Werbung ist pure Verschwendung, wenn schlechte oder gesichtslose Produkte beworben werden. *Pepsi-Cola* hat 100 Millionen Dollar für die Markteinführung von *Pepsi One* ausgegeben und erlitt eine Bauchlandung. Der schnellste Weg, einem schlechten Produkt den Todesstoß zu versetzen, ist der, Werbung dafür zu machen. Denn dann probieren mehr Menschen das Produkt früher aus, und es spricht sich schneller herum, wie schlecht oder überflüssig es ist.

Wie viel sollten Sie für Werbung ausgeben? Wenn Sie zu wenig ausgeben, ist es schon zu viel, weil das Geld unbemerkt verpufft. Aber mit einer Million Dollar in der TV-Werbung erzielen Sie eine kaum wahrnehmbare Wirkung. Geben Sie zu viel aus, leidet der Ertrag darunter. Die meisten Werbeagenturen drängen auf ein »Big Bang«-Budget. Damit verschaffen sie sich vielleicht Aufmerksamkeit, aber der Umsatz profitiert nicht zwangsläufig.

Es ist schwer, etwas zu messen, was nicht gemessen werden kann. Stan Rapp und Thomas Collins haben dieses Problem in ihrem Buch

Beyond MaxiMarketing angesprochen: »Wir sagen nur, dass die Marktforschung oft große Anstrengungen unternimmt, Irrelevantes zu messen, etwa Meinungen über die Werbung oder Erinnerungen daran, nicht aber die daraus resultierenden Handlungen.«55

Wird die Massenwerbung an Einfluss und Bedeutung verlieren? Ich glaube ja. Die Menschen stehen der Werbung immer skeptischer gegenüber und schenken ihr immer weniger Aufmerksamkeit. Sergio Zyman, ehemaliger Vice President von *Coca-Cola*, der riesige Werbebudgets verwaltete, sagte neulich: »Die Werbung, wie wir sie kennen, ist tot.« Dann definierte er sie neu: »Werbung besteht nicht nur aus Fernsehspots – sie umfasst heute Markenentwicklung, Verpackung, Berühmtheiten, Sponsoren, Publicity, Kundenservice, wie Sie Ihre Mitarbeiter behandeln und sogar, wie sich Ihre Sekretärin am Telefon meldet.«56 Letztlich hat er damit das Marketing definiert.

Ein großes Manko der Werbung liegt darin, dass sie einen Monolog darstellt. Dies ist schon daran erkennbar, dass die meisten Werbungen keine Telefonnummer oder E-Mail-Anschrift enthalten, unter denen die Unternehmen für die Kunden ansprechbar wären. Was für eine vertane Chance, mehr über die Kunden zu erfahren! Der Marketingberater Regis McKenna meinte: »Wir beobachten derzeit eine Veraltung der Methoden in der Werbung. Das neue Marketing erfordert eine Feedback-Schleife. Genau dieses Element fehlt aber im Monolog der Werbung.«57

Wert

Das Marketing hat die Aufgabe, Wert für den Kunden zu schaffen, zu liefern und zu erhalten.

Wie definiert man diesen Wert? Wert entsteht dadurch, dass eine geeignete Kombination aus den Faktoren Qualität, Service und Preis zusammengestellt wird.

Louis J. De Rose, Chef von *De Rose and Associates*, meinte: »Wert für den Kunden entsteht dann, wenn Kundenbedürfnisse zu den niedrigstmöglichen Anschaffungskosten, Besitzkosten und Gebrauchskosten befriedigt werden.«

Michael Lanning vertritt die Ansicht, dass erfolgreiche Unternehmen ein überlegenes Nutzenangebot haben und den Nutzen im Rahmen hervorragender Systeme bereitstellen. Ein solches Nutzenangebot beschränkt sich nicht auf einzelne Attribute, sondern umfasst die Gesamtheit der Erfahrungen, die das Produkt und seine Bereitstellung dem Kunden versprechen.

Jack Welch stellte *General Electric* vor folgende Herausforderung: »Das Jahrzehnt des Werts ist angebrochen. Sie müssen Spitzenprodukte zum weltweit günstigsten Preis verkaufen können, sonst fliegen Sie aus dem Rennen.«

McDonald's betrachtete sich früher als Unternehmen des *Fast-Food-Business*. Später sah es sich als Anbieter im *Schnellservice-Business*. Heute behauptet es von sich, im *Value-Business* aktiv zu sein.

Ob ein Unternehmen seinen Kunden einen Wert anbieten kann, hängt stark von seiner Fähigkeit ab, die Bedürfnisse seiner Beschäftigten und anderer Anspruchsgruppen zu befriedigen. Letztlich entsteht Wert im Auge des Betrachters. Das illustriert auch die folgende Anekdote:

Ein Kind trifft auf drei Maurer und fragt sie, was sie tun. »Ich mische Mörtel«, antwortet der erste. »Ich helfe, diese Mauer zu errichten«, sagt der zweite. »Wir bauen eine Kathedrale«, erwidert lächelnd der dritte.

Clevere Firmen bieten nicht nur beim *Kauf*, sondern auch beim *Gebrauch* ihrer Produkte einen Wert. Wenn Sie 30.000 Dollar in ein neues Auto investieren, erwarten Sie von Ihrem Autohändler, dass er Sie bei der Wartung und Reparatur unterstützt und Ihnen sämtliche Fragen rund um Ihr Auto beantwortet.

Die Lkw-Vermietung *Ryder* vermietet nicht nur Lkws, sondern händigt zudem eine Gratisbroschüre mit Tipps rund um die Themen Packen und Umzug aus.

Nestlé verkauft nicht nur Babynahrung, sondern stellt Eltern an sieben Tagen in der Woche rund um die Uhr eine Hotline zum Thema Babynahrung zur Verfügung.

Unternehmen grübeln oft darüber nach, ob sie mehr Geld für die Kundenzufriedenheit ausgeben sollten. Um diese Frage zu beantworten, müssen sie zwischen *wertsteigernden Kosten* und *nicht-wertsteigernden Kosten* unterscheiden. Ein Hotel überlegt sich vielleicht, einen Service anzubieten, bei dem abends das Bett aufgedeckt und ein Nachthupferl für den Gast bereitgelegt wird. Vor der Einführung dieser Maßnahme sollte das Hotel prüfen, ob die Hotelgäste bereit sind, für diese Dienstleistung 2 Dollar zu bezahlen. Ist das nicht der Fall, stellt der Service keine wertsteigernde Aufwendung dar. Wenn das Hotel stattdessen für 2 Dollar ein Bügelbrett und Bügeleisen in den Zimmern unterbringt und die Gäste bereit sind, 3 Dollar dafür zu berappen, liegt dagegen eine wertsteigernde Aufwendung vor.

Wettbewerber

Alle Unternehmen haben Konkurrenten. Selbst wenn es nur eine Fluggesellschaft gäbe, müsste sie sich um all die Menschen Gedanken machen, die Züge, Busse, Autos oder Fahrräder benutzen oder sogar lieber zu Fuß gehen.

Roberto Goizueta, der verstorbene CEO von *Coca-Cola*, machte sich keine Illusionen über die Konkurrenten von *Coke*. Als seine Mitarbeiter ihm stolz vermeldeten, dass der Marktanteil von *Coke* sein Maximum erreicht habe, konterte er, *Coca-Cola* stelle gerade einmal 3 Prozent der Flüssigkeit dar, welche die 4,4 Milliarden Menschen auf der Welt täglich trinken. »Unsere Feinde sind Kaffee, Milch, Tee, Wasser«, predigte er. Nicht von ungefähr zählt *Coca-Cola* heute zu den großen Mineralwasseranbietern.

Je mehr Erfolg einem Unternehmen beschieden ist, desto mehr Konkurrenz zieht es an. Auf den meisten Märkten tummeln sich Wale, Barrakudas und Haie. Die Devise lautet, fressen oder gefressen zu werden – oder, um mit den Worten des Computerwissenschaftlers Gregory Rawlins zu sprechen: »Wenn Sie kein Teil der Dampfwalze sind, sind Sie Teil der Straße.«

Im Idealfall zieht Ihr Unternehmen nur »gute« Konkurrenten an. Gute Konkurrenten sind ein Segen. Sie sind mit guten Lehrern vergleichbar, die unseren Blick und unsere Fertigkeiten schärfen. Durchschnittliche Konkurrenten dagegen stellen nur ein Ärgernis dar. Schlechte Konkurrenten sind eine Qual für jeden anständigen Mitbewerber.

Hüten Sie sich vor dem Fehler, die Konkurrenten zu ignorieren. Bleiben Sie wachsam. »Zeit der Erkenntnis ist selten verschwendet«, schrieb Sun Tzu im vierten Jahrhundert v. Chr. Genauso wachsam sollten auch Ihre *Verbündeten* bleiben. Ein effektiver Konkurrent ist zwangsläufig ein effektiver *Kooperator*. Sie führen keine Einmann-Show auf, sondern sind in eine Partnerschaft, ein Netzwerk oder ein erweitertes Unternehmen eingebunden. Der Wettbewerb wird heute zunehmend zwischen Netzwerken, nicht Unternehmen ausgetragen. Deshalb bringt Ihnen die Fähigkeit, im Netzwerk Chancen schneller zu erkennen, sich Wissen schneller anzueignen und Aufgaben schneller zu erledigen, einen entscheidenden Wettbewerbsvorteil.

Auf kurze Sicht sind diejenigen Konkurrenten am gefährlichsten, die Ihrem Unternehmen am meisten ähneln. Denn die Kunden werden den Unterschied nicht erkennen. In ihrem Kopf haben Sie keinen klar abgegrenzten Platz. Also lautet die Devise: differenzieren, differenzieren, differenzieren!

Der Marketingexperte Theodore Levitt sagte: »Der Wettbewerb wird nicht mehr über die in den Fabriken hergestellten Produkte ausgetragen, sondern darüber, welche Faktoren man diesen Produkten hinzufügt, denen die Verbraucher einen Wert beimessen: etwa Verpackung, Service, Werbung, Kundenberatung, Finanzierung, Liefermodalitäten, Lagerhaltung und anderes mehr.«[58]

Sie können die Konkurrenz nur schlagen, wenn Sie sich selbst zuerst angreifen. Tun Sie alles, was in Ihrer Macht steht, um Ihre Produkte überflüssig zu machen, bevor Ihre Konkurrenten es tun.

Beobachten Sie die harmlos erscheinenden Konkurrenten ebenso aufmerksam wie diejenigen, die Ihnen schon auf den Pelz rücken. Ich halte es für viel wahrscheinlicher, dass ein Unternehmen durch eine neue Technologie als durch einen Nachahmer in den Ruin getrieben wird. Vielen Unternehmen wird ein kleiner Konkurrent den Todesstoß versetzen, der große Pläne hat und sich über die alten Spielregeln einfach hinwegsetzt. *IBM* machte den Fehler, sich viel mehr über *Fujitsu* den Kopf zu zerbrechen als über einen Nobody namens Bill Gates, der in seiner Garage Software schrieb.

So wichtig es ist, die Konkurrenten zu beobachten – noch wichtiger ist es, sich mit Leidenschaft den Kunden zu widmen. Die Kunden, nicht die Konkurrenten, bestimmen, wer den Krieg gewinnt. Auf den meisten Märkten tummeln sich zu viele Angler, die zu wenig Fische angeln wollen. Die besten Angler kennen die Fische besser als ihre Konkurrenten.

Wettbewerbsvorteil

Auf Michael Porter geht der Gedanke zurück, dass Unternehmen zum Erfolg einen relevanten und nachhaltigen Wettbewerbsvorteil benötigen.[59] Ein Wettbewerbsvorteil ist so entscheidend wie ein Gewehr in einem Messerkampf.

So weit, so gut. Allerdings bleiben heute die meisten Vorteile auf längere Sicht nicht relevant, und nur wenige sind nachhaltig. Vorteile können heute immer nur vorübergehend errungen werden. Und in zunehmendem Maß kann sich ein Unternehmen nicht auf einen einzelnen Wettbewerbsvorteil beschränken, sondern es muss seine Vorteile immer wieder durch neue ersetzen. Die Japaner waren Meister darin, indem sie zunächst niedrige Preise, dann bessere Merkmale, dann eine überlegene Qualität und schließlich schnellere Leistung anboten. Die Japaner hatten erkannt, dass das Marketing ein Wettlauf ist, bei dem man die Ziellinie nie erreicht.

Wettbewerbsvorteile können aus unterschiedlichsten Quellen abgeleitet werden – Qualität, Geschwindigkeit, Sicherheit, Service, Design und Zuverlässigkeit, neben niedrigeren Kosten, günstigeren Preisen und anderem mehr. Meist entsteht der Vorteil nicht aus einer einzigen Quelle, sondern aus einer Kombination von Faktoren.

Die meisten erfolgreichen Unternehmen vereinen mehrere Vorteile auf sich, die alle um eine Grundidee kreisen. So haben *Wal-Mart*, *IKEA* und *Southwest Airlines* besondere Methoden, die es ihnen ermöglichen, zu den niedrigsten Preisen in ihren jeweiligen Branchen auf den Markt zu gehen. Ein Konkurrent, der nur einige dieser Methoden kopiert, hat nicht die geringste Chance auf denselben Erfolg.

Entscheidend ist, dass Wettbewerbsvorteile relativer und nicht absoluter Natur sind. Wenn Ihre Konkurrenten eine Verbesserung um 30 Prozent in einer Kategorie erreichen, Sie jedoch nur 20 Prozent, fallen Sie schon zurück. Die *Singapore Airlines* konnte ihre Qualität zwar ständig verbessern, aber die *Cathay Pacific* legte ein noch schnelleres Tempo vor und schloss dadurch die Lücke zu *Singapore Airlines* allmählich.

Wirtschaftsprognostik

Wenn Unternehmen keine Probleme erkennen, befinden sie sich auf dem besten Weg in die Krise. Deshalb engagieren sie Wirtschaftswissenschaftler, Berater und Zukunftsforscher.

Aber so leicht lässt sich die Zukunft leider nicht vorhersagen. Ben Franklin meinte: »Sehen ist leichter als vorhersehen.« Der Blick in die Kristallkugel hat noch keinem Unternehmen einen Cent Gewinn eingebracht. Schon die klügsten Köpfe haben Prognosen geäußert, mit denen sie gründlich danebenlagen.

• Thomas Edison vertrat die Meinung: »Der Phonograph hat keinen kommerziellen Wert.«

- Irving Fisher, herausragender Wirtschaftswissenschaftler an der
  Yale-Universität, sagte im September 1929, kurz vor dem Wall-
  Street-Crash: »Es sieht so aus, als hätten die Aktienkurse nun ein
  dauerhaft hohes Niveau erreicht.«
- Thomas J. Watson von *IBM* sagte im Jahr 1947: »Ich glaube, dass
  es einen Weltmarkt für etwa fünf Computer gibt.«
- Ken Olson, Ex-Chef der *Digital Equipment Corporation*, urteilte
  im Jahr 1977: »Es gibt keinen Grund dafür, einen Computer zu
  Hause zu haben.«
- Jack Welch, pensionierter Chairman von *General Electric*, räumte
  drei falsche Prognosen in seiner Karriere ein. Als die US-Inflation
  bei 20 Prozent lag, sagte er voraus, dass die Inflation im zweistel-
  ligen Bereich bleibe. Als der Ölpreis 35 Dollar pro Fass erreichte,
  sagte er einen Anstieg auf 100 Dollar voraus. Als die japanische
  Wirtschaft auf der Höhe ihres Erfolgs stand, sagte er voraus, dass
  die Japaner noch weitere amerikanische Branchen überflügeln
  würden.

All diese Fehlprognosen zeigen nur, wie fragwürdig es ist, die Entwicklung von morgen auf der Grundlage der Entwicklung von heute
vorherzusagen. Es kursiert eine Geschichte über ein Autounterneh-
men, das die Produktion grüner Autos erhöhte, nachdem es einen Anstieg im Absatz grüner Modelle festgestellt hatte. Leider war dem Unternehmen völlig entgangen, dass die Händler Sonderaktionen
durchgeführt hatten, um die grünen Ladenhüter endlich loszuwerden.

John R. Pierce von *Bell Labs* erklärte überzeugend, warum so viele
Prognosen falsch sind: »Das Problem mit der Zukunft ist, dass es so
viele davon gibt.«

Der unnachahmliche Yogi Berra sagte: »Es ist sehr schwer, Vorhersagen zu machen, vor allem, wenn sie die Zukunft betreffen.« Und er
klagte: »Die Zukunft ist auch nicht mehr das, was sie einmal war.«

Woody Allen rät im Umgang mit Unwägbarkeiten: »Die Mensch-
heit steht heute vor einer Weggabelung. Der eine Weg führt in Ver-
zweiflung und Hoffnungslosigkeit, der andere in die völlige

Auslöschung. Lassen Sie uns beten, dass wir die Weisheit haben, den richtigen Weg einzuschlagen.«

Unternehmen haben sich oft auf die Prognosen der Wirtschaftswissenschaftler verlassen. Es gibt zwei Arten von Wirtschaftswissenschaftlern: Diejenigen, welche die Zukunft nicht vorhersagen können und dies wissen, und diejenigen, die sie nicht vorhersagen können und es nicht wissen. Nachdem Harry Truman einmal verschiedene Ökonomen um ihre Meinung zu einem Thema gebeten hatte, wollte er für den Rest seines Lebens nie mehr einen Satz hören, in dem die Wörter »einerseits« und »andererseits« vorkamen. Böse Zungen behaupten, dass es die Ökonomen nur gibt, damit die Astrologen nicht so schlecht dastehen.

Dennoch: Wer sich im Wettbewerb behaupten will, muss sich auf Prognosen darüber stützen, in welche Richtung sich die Kunden und die Wirtschaft entwickeln. Der Hockeystar Wayne Gretzky antwortete auf die Frage, wie er es schaffe, immer an der richtigen Stelle zu stehen: »Ich bin nicht da, wo der Puck gerade ist, sondern da, wo er sein wird.«

Aber seien Sie vorsichtig bei Experten, die bei ihren Prognosen nur eine Zahl oder ein Datum nennen, nicht aber beides.

In Wahrheit ist die Zukunft schon eingetreten. Sie hat sich schon ereignet. Man muss herausfinden, was die kleine Gruppe von Kunden wünscht, welche die Zukunft beeinflusst. Die Zukunft hat schon angefangen, aber sie ist nicht in allen Unternehmen, Branchen und Ländern gleich weit vorangeschritten.

Der Unternehmensstratege Dennis Gabor kümmert sich nicht sonderlich um Zukunftsprognosen, denn er glaubt: »Man kann die Zukunft am besten vorhersagen, indem man sie erfindet.« Ihr Unternehmen steht vor einer unendlichen Zahl von möglichen Zukünften. Es muss sich für eine davon entscheiden.

Word of Mouth

Keine Werbung und kein Verkäufer kann uns so von den Qualitäten eines Produkts überzeugen wie ein Freund, Bekannter, vorheriger Käufer oder unabhängiger Experte. Nehmen wir einmal an, Sie wollen sich einen PDA (Personal Digital Assistant) zulegen und kennen die Werbung von *Palm*, *HP* und *Sony*. Nun ziehen Sie los, um sich die Geräte anzuschauen, und lassen sich beraten. Immer noch unentschlossen, sehen Sie zunächst von einem Kauf ab. Dann erzählt Ihnen eine Freundin, wie ein *Palm* ihr Leben verändert hat. Damit ist die Sache entschieden. Oder Sie lesen den Artikel eines Experten, der die verschiedenen Geräte getestet hat und *Palm* empfiehlt.

Jedes Unternehmen wünscht sich für seine Produktneuheiten eine gute Mund-zu-Mund-Propaganda. High-Tech-Firmen schicken renommierten Fachleuten und Meinungsführern ihre Neuentwicklungen zu und hoffen auf positive Berichte in der Presse. Ganz Hollywood betet um eine gute Besprechung durch den amerikanischen Filmkritiker Roger Ebert.

Vermarkter preisen die Vorzüge ihrer neuen Produkte an und hoffen, dass man ihnen glaubt und sich die Kunde durch *Word of Mouth* verbreitet. Doch nur wenige von ihnen wissen, wie sie Experten und ihre Kunden gezielt einsetzen können, um damit neue Käufer anzulocken. Michael Cafferky, Experte für *Word of Mouth*, vertritt folgende Ansicht: »*Word of Mouth* ... marschiert stolz und ohne Aufhebens voran, während ihre Cousinen, die Werbeagenturen von der Madison Avenue, vergeblich versuchen, ihre beeindruckenden Ergebnisse zu kopieren ... *Word of Mouth* ist die Low-Tech-Methode des Gehirns, in der Flut der High-Tech-Informationen den Überblick zu bewahren.«

Viele Unternehmen wenden sich verstärkt dem *Word of Mouth*-Marketing zu. Sie versuchen, Menschen zu identifizieren, die schnell bereit sind, neue Produkte zu verwenden (Early Adopters), die gesprächig und neugierig sind und über einen großen Bekanntenkreis verfügen. Wenn eine Firma diese einflussreichen Personen auf ihre

Produkte aufmerksam machen kann, rühren sie als »unbezahlte Verkäufer« die Werbetrommel.

Einige Firmen beauftragen Personen damit, neue Produkte in der Öffentlichkeit zur Schau zu stellen. Jemand parkt seinen neuen Ferrari an einer viel befahrenen Kreuzung. Oder eine Fremde bittet Sie, ein Foto von ihr zu machen, und drückt Ihnen zu diesem Zweck ihr neues Handy mit eingebauter Kamera in die Hand. Vielleicht sprechen Sie sie auf das Gerät an. Ein Gast in einer Bar telefoniert mit seinem neuen Bildtelefon, und alle anderen Gäste werden neugierig. Im März 1999 beauftragten die Produzenten des Films *Blair Witch Project* 100 Studenten, an beliebten Jugendtreffpunkten Flyer mit Hinweisen auf vermisste Personen zu verteilen, um für den Film zu werben.

In manchen Bereichen ist auch eine summierte Mund-zu-Mund-Propaganda zu beobachten. Ein Beispiel ist der New Yorker Restaurantführer *Zagat*, dessen Kritiken von privaten Restaurantbesuchern und nicht von professionellen Kritikern stammen. Auch Firmen wie *epinions* oder elektronische Verbraucherportale, die Konsumenten eine Plattform bieten, um ihre Meinung zu bestimmten Produkten zum Besten zu geben, werden immer populärer. Schon bald werden Verbraucher selbst in der Lage sein, gute Anbieter von schlechten zu unterscheiden, und dann werden sie keine Werbung mehr brauchen.

Zielmärkte

Das Zeitalter der Firmen, die Massenmärkte anvisieren, neigt sich dem Ende zu. Jemand sagte einmal: »Einen Massenmarkt zu bedienen bedeutet, sein Produkt auf den Markt zu bringen und dann zu beten, dass es jemand kauft.«

Wer Massenmärkte bedient, muss sich ein Bild vom durchschnittlichen Kunden machen. Der Durchschnitt ist jedoch eine trügerische Sache. Wenn Sie einen Fuß in kochendes, den anderen in eiskaltes

Wasser halten, ist die Durchschnittstemperatur angenehm. Den Durchschnittskunden ins Visier zu nehmen verspricht daher keinen Erfolg.

Heutzutage versuchen viele Firmen, ihre Produkte und Dienstleistungen auf dem »Small Business Market«, dem Markt für Unternehmen mit weniger als 100 Mitarbeitern, zu verkaufen. Sie geben einer Werbeagentur den Auftrag, eine Massenkampagne für Kleinunternehmen auszuarbeiten – meist mit bescheidenem Erfolg. Sinnvoller wäre es, sich auf eine bestimmte Branche oder einen bestimmten Berufszweig zu fokussieren und die betreffenden Betriebe über eine Person anzusprechen, die in der Branche ein gewisses Ansehen genießt. *Intuit Inc.* verkauft seine Softwareprogramme für Kleinunternehmen nicht direkt, sondern auf Provisionsbasis über Steuerberater und Wirtschaftsprüfer, die die Software ihren Kunden empfehlen.

Ihr Unternehmen darf sich auf keinem Markt engagieren, wo es nicht zum besten Anbieter avancieren kann. John Bogle, Gründer der Versicherungsgesellschaft *Vanguard*, sagte: »Wir wollten nie die Größten sein, aber immer die Besten.«

Denken Sie bei der Auswahl Ihres Marktes daran: Man verkauft leichter an Leute, die Geld haben, als an Leute, die kein Geld haben. Und versuchen Sie, an Anwender zu verkaufen, nicht an Käufer.

Anmerkungen

1 Lester Wunderman, Being Direct: *Making Advertising Pay*, New York: Random House, 1996.

2 Peter F. Drucker, *Management: Tasks, Responsibilities, Practices*, New York: Harper & Row, 1973, S. 64-65.

3 Siehe die PIMS-Studie aus dem Jahr 1998, vorgestellt in *CampaignLive*, 3. Mai 1999, Haymarket Publishing, U.K.

4 Richard Forsyth, »Six Major Impediments to Change and How to Overcome Them in CRM«, in: *CRM-Forum* (11. Juni 2001).

5 Frederick Newell, *Why CRM Doesn't Work: How to Win By Letting Customers Manage the Relationship*, New York: Bloomberg Press, noch nicht erschienen. Die deutsche Ausgabe wird 2004 im Campus Verlag, Frankfurt am Main/New York erscheinen.

6 Erschienen in www.1-to-1marketing.com. Siehe auch: Don Peppers und Martha Rogers, *The One to One Future: Building Relationships One Customer at a Time*, New York: Currency/Doubleday, 1993. (Deutsche Ausgabe: *Die-Eins-zu- Eins-Zukunft. Strategien für ein individuelles Kundenmarketing*, Freiburg: Haufe, 1994.)

7 Seth Godin, *Permission Marketing: Turning Strangers into Friends, and Friends into Customers*, New York: Simon & Schuster, 1999. (Deutsche Ausgabe: *Permission Marketing: Kunden wollen wählen können*, München: FinanzBuch Verlag, 2001.). Der neue Titel von Seth Godin: *Purple Cow. So infizieren Sie Ihre Zielgruppe mit Viralem Marketing* ist gerade im Campus Verlag erschienen.

8 Theodore Levitt, »Marketing Success through Differentiation of Anything«, in: *Harvard Business Review* (Januar/Februar 1980), S. 83-91.

9 Jack Trout mit Steve Rivkin, *Differentiate or Die: Survival in Our Era*, New York: John Wiley & Sons, 2000. (Deutsche Ausgabe: *Differenzieren oder verlieren. So grenzen Sich sich vom Wettbewerb ab und gewinnen den Kampf um die Kunden*, Landsberg am Lech: moderne industrie, 2003.)

10 Gregory S. Carpenter, Rashi Glazer und Kent Nakamoto, »Meaningful Brands from Meaningless Differentiation: The Dependence on Irrelevant Attributes«, in: *Journal of Marketing Research* (August 1994), S. 339-350.

11 Zitiert in »Trade Promotion: Much Ado about Nothing«, in: *Promo* (Oktober 1991), S. 37.

12 B. Joseph Pine II und James H. Gilmore, *The Experience Economy: Work Is Theatre and Every Business a Stage*, Boston: Harvard Business School Press, 1999. (Deutsche Ausgabe: *Erlebniskauf. Konsum als Erlebnis, Business als Bühne, Arbeit als Theater*, München: Econ, 2000.)

13 Hermann Simon, *Hidden Champions*, Boston: Harvard Business School Press, 1996. (Deutsche Ausgabe: *Die heimlichen Gewinner. Die Erfolgsstrategien unbekannter Weltmarktführer*, Frankfurt am Main/New York: Campus, 1996.)

14 Siehe hierzu: James Champy, *Good to Great: Why Some Companies Make the Leap – and Others Don't*, New York: HarperBusiness, 2001.

15 Ram Charan und Noel M. Tichy, *Every Business Is a Growth Business: How Your Company Can Prosper Year after Year*, New York: Times Business/Random House, 1998. (Deutsche Ausgabe: *Gesundes Wachstum für mehr Gewinn*, Landsberg am Lech: moderne industrie, 2000.)

16 Siehe: Jean-Philippe Deschamps und P. Ranganath Nayak, *Product Juggernauts: How Companies Mobilize to Generate a Stream of Market Winners*, Boston: Harvard Business School Press, 1995.

17 Siehe: Gary Hamel, *Leading the Revolution*, Boston: Harvard Business School Press, 2000. (Deutsche Ausgabe: *Das revolutionäre Unternehmen. Wer Regeln bricht, gewinnt*, München: Econ, 2001.)

18 Siehe: Akio Morita, *Made in Japan: Akio Morita und Sony*, New York: Dutton, 1986.

19 Thomas H. Davenport und John C. Beck, *The Attention Economy: Understanding the New Currency of Business*, Boston: Harvard Business School Press, 2001.

20 Peter F. Drucker, *Management: Tasks, Responsibilities, Practices*, New York: Harper & Row, 1973, S. 64-65.

21 Anita Roddick, *Body and Soul: Profits with Principles, the Amazing Success Story of Anita Roddick and the Body Shop*, New York: Crown, 1991. (Deutsche Ausgabe: *Body and Soul. Erfolgsrezept Öko-Ethik*, München: Econ, 1991.)

22 Gregory S. Carpenter und Kent Nakamoto, »Consumer Preference Formation and Pioneering Advantage«, in: *Journal of Marketing Research* (August 1989), S. 285-298.

23 Jan Carlzon, *Moments of Truth*, Cambridge, Mass.: Ballinger Pub. Co., 1987. (Deutsche Ausgabe: *Alles für den Kunden. Jan Carlzon revolutioniert ein Unternehmen*, Frankfurt am Main/New York: Campus, 1992.)

24 Diesen Ansatz stellt Philip Kotler zusammen mit Dipak C. Jain und Suvit Maesincee ausführlicher dar in: *Marketing Moves*, Boston: Harvard Business School Press, 2002. (Deutsche Ausgabe: *Marketing der Zukunft. Mit Sense and Response zu mehr Wachstum und Gewinn*. Frankfurt am Main/New York: Campus 2002.)

25 Siehe: Frederick Reichheld, *The Loyalty Effect: The Hidden Force Behind Growth, Profits, and Lasting Value*, Boston: Harvard Business School Press, 1996. (Deutsche Ausgabe: *Der Loyalitäts-Effekt, Die verborgene Kraft hinter Wachstum, Gewinnen und Unternehmenswert*, Frankfurt am Main/New York: Campus, 1997.)

26 Heidi F. Schultz und Don E. Schultz, »Why the Sock Puppet Got Sakked«, in: *Marketing Management* (Juli/August 2001), S. 35-39.

27 Siehe: Philip Kotler, *Marketing Management*, 11. Aufl., Upper Saddle River, N.J.: Prentice Hall, 2003, S. 685 ff. (Deutsche Ausgabe: *Marketing-Management. Analyse, Planung, Umsetzung und Steuerung*, Stuttgart: Schäffer-Poeschel, mit Freidhelm Bliemel).

28 Robert Lauterborn, »New Marketing Litany: 4P's Passe; C-Words Take Over«, in: *Advertising Age* (1. Oktober 1990), S. 26.

29 Rosabeth Moss Kanter, *When Giants Learn to Dance*, New York: Simon & Schuster, 1989.

30 Paco Underhill, *Why We Buy: The Science of Shopping*, New York: Simon & Schuster, 1999. (Deutsche Ausgabe: *Warum kaufen wir? Die Psychologie des Konsums*, München: Econ, 2000.)

31 Ernest Dichter, *Handbook of Consumer Motivations: The Psychology of the World of Objects*, New York: McGraw-Hill, 1964.

32 Siehe: Kevin Lane Keller, *Strategic Brand Management*, Upper Saddle River, N.J.: Prentice Hall, 1998, S. 317-318.

33 Hal Rosenbluth, *The Customer Comes Second: and Other Secrets of Exceptional Service*, New York: Morrow, 1992.

34 John P. Kotter und James L. Heskett, *Corporate Culture and Performance*, New York: Free Press, 1992.

35 Howard R. Bowen, *Social Responsibilities of the Businessman*, New York: Harper & Row, 1953, S. 215.

36 Al Ries und Jack Trout, *Positioning: The Battle for Your Mind*, New York: Warner Books, 1982. (Deutsche Ausgabe: *Positioning. Die neue Werbestrategie*, Maidenheim: McGraw-Hill, 1986.)

37 Michael Treacy und Fred Wiersema, *The Discipline of Market Leaders*, Reading, Mass.: Addison-Wesley, 1994.

38 Fred Crawford und Ryan Mathews, *The Myth of Excellence: Why Great Companies Never Try to Be the Best at Everything*, New York: Crown Business, 2001.

39 Carl Sewell und Paul B. Brown, *Customers for Life: How to Turn That One-Time Buyer into a Lifetime Customer*, New York: Doubleday, 1990. (Deutsche Ausgabe: *Kunden fürs Leben. Die Erfolgsformel für mehr Service und Kundenzufriedenheit*, Wiesbaden: Gabler, 1999.)

40 Al und Laura Ries, *The Fall of Advertising and the Rise of PR*, New York: HarperBusiness, 2002.

41 Siehe: Hanish Pringle und Marjorie Thompson, *Brand Soul: How Cause-Related Marketing Builds Brands*, New York: John Wiley

& Sons, 1999; Richard Earle, *The Art of Cause Marketing*, Lincolnwood, Ill.: NTC, 2000.

42 Siehe die Diskussion zum Thema Sponsorenschaften in: Sergio Zyman, *The End of Advertising As We Know It*, New York: John Wiley & Sons, erscheint 2003.

43 Michael E. Porter, »What Is Strategy?«, in: *Harvard Business Review* (November/Dezember 1996), S. 61-78.

44 Sun Tzu, *The Art of War*, London: Oxford University Press, 1963 (Deutsche Ausgabe: *Die Kunst des Krieges*. München: Droemer Knaur, 2001.)

45 Thomas J. Peters und Robert H. Waterman Jr., *In Search of Excellence: Lessons from America's Best-Run Companies*, New York: Harper & Row, 1982. (Deutsche Ausgabe: *Auf der Suche nach Spitzenleistungen*. Landsberg am Lech: moderne industrie, 2003.)

46 James C. Collins und Jerry I. Porras, *Built to Last: Successful Habits of Visionary Companies*, New York: HarperBusiness, 1994.

47 Michael Treacy und Fred Wiersema, *The Discipline of Market Leaders: Choose Your Customers, Narrow Your Focus, Dominate Your Market, Reading*, Mass.: Addison-Wesley, 1995.

48 Arie De Geus, *The Living Company*, Boston: Harvard Business School Press, 1997. (Deutsche Ausgabe: *Jenseits der Ökonomie. Die Verantwortung der Unternehmen*, Stuttgart: Klett-Cotta, 1998.)

49 Jim Collins, *Good to Great: Why Some Companies Make the Leap ... and Others Don't*, New York: HarperBusiness, 2001. (Deutsche Ausgabe: *Der Weg zu den Besten*, Stuttgart: DVA, 2001.)

50 Richard D'Aveni mit Robert Gunther, *Hypercompetitive Rivalries: Competing in Highly Dynamic Environments*, New York: Free Press, 1995.

51 Adrian J. Slywotzky und Richard Wise, »The Growth Crisis – and How to Escape It«, in: *Harvard Business Review* (Juli 2002), S. 73-83.

52 Siehe: Rolf Jensen, *The Dream Society: How the Coming Shift from Information to Imagination Will Transform Your Business*, New York: McGraw-Hill, 1999. (Deutsche Ausgabe: *Geständnisse*

eines Werbemannes, München: Econ, 2000.)

53 David Ogilvy, *Confessions of an Advertising Man*, New York: Atheneum, 1998.

54 David Ogilvy, *Confessions of an Advertising Man*, New York: Atheneum, 1998.

55 Siehe: Stan Rapp und Thomas L. Collins, *Beyond MaxiMarketing: The New Power of Caring and Daring*, New York: McGraw-Hill, 1994.

56 Sergio Zyman, *The End of Advertising As We Know It*, New York: John Wiley & Sons, erscheint 2003.

57 Regis McKenna, *Total Access: Giving Customers What They Want in an Anytime, Anywhere World*, Boston: Harvard Business School Press, 2002.

58 Theodore Levitt, *The Marketing Mode: Pathways to Corporate Growth*, New York: McGraw-Hill, 1969.

59 Siehe: Michael E. Porter, *Competitive Advantage: Creating and Sustaining Superior Performance*, New York: Free Press. (Deutsche Ausgabe: *Wettbewerbsvorteile. Spitzenleistungen erreichen und behaupten*, Frankfurt am Main/New York: Campus, 2000.)

Register